What is Life

生命是什么

Erwin Schrodinger

[奥] 埃尔温 · 薛定谔——著

邹路遥——译

江苏凤凰科学技术出版社 · 南京

图书在版编目（CIP）数据

生命是什么 /（奥）埃尔温·薛定谔著；邹路遥译
. — 南京：江苏凤凰科学技术出版社，2019.10（2024.8 重印）
ISBN 978-7-5713-0556-7

Ⅰ. ①生… Ⅱ. ①埃… ②邹… Ⅲ. ①生命科学
Ⅳ. ① Q1-0

中国版本图书馆 CIP 数据核字（2019）第 178790 号

生命是什么

著　　者　[奥] 埃尔温·薛定谔
译　　者　邹路遥
责任编辑　沙玲玲　杨嘉庚
责任校对　仲　敏
责任监制　刘文洋

出版发行　江苏凤凰科学技术出版社
出版社地址　南京市湖南路 1 号 A 楼，邮编：210009
出版社网址　http://www.pspress.cn
印　　刷　江苏凤凰数码印务有限公司

开　　本　880mm × 1 230mm 1/32
印　　张　8
字　　数　165 000
版　　次　2019 年 10 月第 1 版
印　　次　2024 年 8 月第 11 次印刷

标准书号　ISBN 978-7-5713-0556-7
定　　价　38.00 元

目录
CONTENTS

生命是什么——活细胞的物理观

第二章　遗传规律 / 25

第三章　突变 / 45

心灵和物质

译者序

这是一本物理学大佬的跨界之作。这也是一本被后世许多大佬疯狂打脸的著作。

这位大佬，就是大名鼎鼎的“虐猫狂人”薛定谔。他是量子力学的创始人之一，以思想实验“薛定谔的猫”闻名于世，早在 1933 年就拿了诺贝尔奖。但因为二战前夕德奥合并，战争的阴影下，他于 1938 年迁往爱尔兰都柏林，并在那里度过了 17 年的时光。

他很享受爱尔兰的平静生活。在那里，他不再满足于鼓捣纯粹的物理学，而开始思考跨界问题。他从小就对东方哲学感兴趣，并深受叔本华的影响。这种对“玄学”的浓厚兴趣，也许给了他思考生命和心灵问题的动力。

20 世纪初，人们重新发现了孟德尔的遗传定律，因此已经意识到了“遗传物质”和“突变”这些概念，但对它们究竟是什么样的物质、如何起作用一无所知。人们对生命现象的理解，还仅限于描述总结宏观上的规律和特征。正是在这种背景下，1943 年，薛定谔在都柏林三一学院做了一系列演讲，把他对生命问题的思考和理解公之于众。这就汇集成了《生命是什么——活细胞的物理观》一书。

在这一系列演讲中，薛定谔提出了两个主要观点。在微观层面，他提出，遗传物质的稳定性本质是大分子的稳定性，而这种稳定性可以由量子力学来解释。在宏观层面，他则提出，生命以“负熵”为生，生命活动的本质就是不断从环境中汲取秩序，以维持自身的有序状态。应该说，这些思想现在看来仍然十分切中要害。

这本书深刻地影响了一代物理学家，激发了他们进入生物学探索新领域、抢生物学家饭碗的强烈兴趣。于是乎，十多年后，沃森、克里克等人横空出世，揭开了 DNA 分子结构的神秘面纱，成就科学史上里程碑史的成果。从此，人类终于能够在分子层面上揭示生命活动的过程，分子生物学（Molecular Biology）诞生了。

在《生命是什么——活细胞的物理观》的最后一章中，薛定谔不忘把他的物理学观念引申到玄学领域。他稍稍触及了“意识”这个话题，并提出了这样的问题：意识究竟是单数还是复数呢？我们每个人的意识，究竟是许许多多个意识，还是同一个意识的不同影像呢？

13 年之后，在英国剑桥，薛定谔填上了他给自己挖下的玄学之坑。剑桥三一学院的“塔内尔”讲座，正是专门为讨论科学哲学问题而设立的讲座。在这场讲座中，薛定谔将自己多年的思考整理成了《心灵和物质》，系统地讨论了他心目中意识和心灵的本质。这个系列的演讲中，已经可以隐约看到“生命即信息”的影子。在克劳德·香农（Claude Shannon）等人发展出信息论之后，“生命即信息”的观点得到了更确切的阐述。而薛定谔提出的众多关于意识的具体问题，后续都成了新兴的神经科学的研究对象。

从这个层面讲，薛定谔的跨界演讲，无疑给 20 世纪后半叶的生命科学和神经科学带来了深刻的影响和启发，是一部值得回味的作品。沃森、克里克都在回忆 DNA 发现史的自传中提及过《生命是什么——活细胞的物理观》对他们产生的影响。而威尔金森则在他的诺贝尔奖颁奖词中明确提到了薛定谔的这本书。1967 年后，剑桥大学出版社将这两份演讲合并出版，就成了各位现在看到的《生命是什么》这本书的样子。本译本即根据 1967 年的英文版本译出。

在《生命是什么——活细胞的物理观》中，薛定谔实际是通过这样的思路（与原文的内容呈现顺序略有区别）论证了生命和遗传物质的特征：

（1）当时已有的遗传学研究已经知道，染色体上的基因决定生物的性状，而且具有高度稳定性，可以遗传许多代。这在薛定谔看来是极其有序的行为。

（2）基因很小，很可能只包含几千个原子。

（3）从经典物理学家的角度看，热运动产生随机和混沌，使得物理规律都是统计规律。想要获得足够的精确性，就只能依靠大量原子产生的平均效应。基因太小了，原子数不够。

（4）矛盾产生：生物如何通过极少数的原子来获得极其有序的行为呢？

（5）量子力学可以解释这些现象。由牢固的化学键结合形成的分子，有能力抵御常温下的热运动干扰。基因就是大分子，因此基因具有稳定性。而且量子力学还能定量解释基因突变的概率。

(6) 回到宏观世界，生物代表秩序，而热运动和统计规律代表了无序的倾向（熵增定律）。生物之所以能够在宏观上也抵御熵增的倾向，是因为生物会不断从环境中汲取秩序。故生命以“负熵”为生，这就是生命最重要的特征。

而在《心灵与物质》中，薛定谔探讨了以下几个关系稍显松散的主题：

(1) 我们如何判断大脑中的哪些过程和意识有关呢？答曰：只有不断变化的过程才与意识有关。

(2) 生物个体的性状和器官正是在不断适应变化的环境中形成的，就好像拉马克学说的“用进废退”是正确的一样。但正确的解读应当用达尔文的进化论。生物个体的行为习惯，虽然不会直接遗传，但会通过改变环境和自身，为可遗传的特征创造有利条件。

(3) 人类的进化已几乎到终点。如果人类不行动起来，就会进入进化的死胡同。

(4)（另一个话题）西方科学讲究“客观性”，但是人的心灵无疑是主观的东西。那么，主观的心灵中怎么会出现客观的世界呢？薛定谔提出，解决这两者之间的鸿沟，需要通过将东方思想中的“心灵只有一个”的思想融合进西方科学。

(5) 据此，他通过一番推演和类比指出，心灵和世界本来就是同一件事。

（6）时间的概念来自心灵本身，因此心灵不会被时间毁灭。他据此认为这有助于解决有没有“来世”的问题。

（7）科学理论并不能用来解释感知，因为科学实验本身所用到的方法、观测和设备，总是能够追溯到某些依赖人感知的过程。

《生命是什么》的中文译本已经有好几个版本了。那为什么我们还要重新翻译一次呢？这是因为——

首先，这本书是薛定谔个人对生命以及意识问题的观点。虽然在第一部分《生命是什么——活细胞的物理观》中间，薛定谔用了较大的篇幅来总结当时生物学研究的成果，可以看作“综述”性质的科学普及内容，但是全书的主旨是表达薛定谔个人的观点，而不是向读者客观地介绍科学事实。而《心灵和物质》这部分则更是薛定谔的一家之言。

可以说，整本书是“私货”满满，而不是“干货”满满了。

虽然薛定谔的这些“私货”对后世产生了重要的影响，但薛定谔生得还是太早了。在他准备 1943 年演讲的时代，人类尚不知道遗传物质的具体结构，对大脑和神经活动的理解也仅限于神经冲动的传导。沃森、克里克在 1956 年正确揭示了 DNA 的双螺旋结构。而对生物基因组进行完整测序，并通过基因组学来研究生物进化，则是 21 世纪才大规模铺开的研究。因此，薛定谔对人类进化所做出的判断和实际情况的偏差就可想而知了。而 1957 年的《心灵与物质》，也和现代神经科学的诞生差不多在相同的时代。那个时候，人们完全不知道大脑中各个脑区具体都是什么功能，更没有核磁共振成像能够直接观测大脑的活动。

因此，从现代的观点来看，薛定谔在书中提出的许多问题，现在都已经得到了比较明确的答案，不再是悬而未决的事情了。而书中提出的许多假设、举的许多例子，其实并不全面，有些甚至是完全错误的。哪怕是《生命是什么——活细胞的物理观》的核心观点，即量子力学可以解释基因的稳定性，也非常粗浅。事实证明，基因远远没有他所估计的那么稳定——保证基因能够稳定遗传，只靠其分子结构是不够的，还需要众多基因修复的机制。而他在《心灵和物质》中对意识、潜意识和记忆的描述，对人类进化速度的估计，则都有悖于现代的研究结论。可以说，薛定谔虽然跨界跨出了影响力，但也多受批判。其实，正是这种后人对前人的批判，才是科学研究不断前进的动力。

重新翻译这本书，一个重要原因就是希望给读者指出这些明确有误的部分。因此，除了翻译原文，我还在译文中添加了上百个注释，希望能用简单的文字向读者指出薛定谔的文字中过时的、错误的地方。这样，我们就可以更加关注薛定谔切入生命问题、思考生命问题的角度，而不是被他错误的细节所迷惑。通过对比薛定谔当时的认识和现代研究成果之间的差别，可以让我们更加切实地体会到，半个多世纪以来，人类在生命科学和神经科学研究上取得的卓越成果。

结合注释来读这本书，才是正确的打开方式。

重新翻译的另一个动机，则是阅读的体验。如果要从“科普读物”的角度看，我敢说，《生命是什么》不是一部优秀的作品，甚至不是一部成熟的作品。对于普通读者来说，这本书实在是太不友好了。这是因为，薛定谔并没有按照常人易于理解的顺序编排书中的内容，而是原原本本地直接展示了自己在探索这些未知难题时的思维过程。这意味着，本书的行文中会不断出现反复和自我否定。上一页他还在“斩钉截铁”地宣称某一个结论，下一页他自己就把它给推翻了。这就会对读者的理解造成很大困扰。

甚至，在第一章开头，他自己就承认他并不在乎考虑普通读者的感受了。他说：

“在演讲之初，我就友情提醒，演讲的主题很艰涩。即使我几乎没有使用物理学家最有力的武器——数学推导，演讲也不会很通俗。”

而且——你可能没考虑过这一点：薛定谔其实没有用他的母语（德语）写作！这两本书一开始就是他用英文写的。他自己都在前言中坦承非母语写作带来的困难。然而，他偏偏还要倔强地保留许多他自己“独创”的语言风格——这是一种“德语化”的英语风格，行文充满了大量虽然语法正确但十分奇怪的表达方式。因此，这对译者来说也是巨大的挑战。以前的中文译本有些地方读起来很别扭，并不全是译者的错呢。

一本主题本来就艰深、作者又不在乎普通读者、还是用非母语写成的书，读起来不吃力才怪呢！

所以，我也想要再来挑战一次，希望能够给读者带来一个语言更加通顺的译本，以减轻一些读者阅读的负担，好让大家更容易领会薛定谔的思想。如果说我确实做到了这一点，我也相信，读者仍然能够从译文中感受到薛定谔字里行间透出来的那股执拗和高傲（虽然在字面上他总是自谦自己是“朴素（naive）的物理学家”）。

本书翻译过程中，我也参考了市面上已有的各个中文译本，尽量保证基本意义传达无误。主要参考的是罗来欧、罗辽复先生的译本，张卜天先生的译本，仇万煜、左兰芬先生的译本。有的地方，甚至出现了两个译本意思完全相反的情况，可见薛定谔原文的晦涩。不过，限于我自己水平有限，若有错误之处，还请同行批评指正。

在《生命是什么——活细胞的物理观》每一章节开头，薛定谔都会引用一句名言。来自斯宾诺莎《伦理学》的引用，我直接采用了商务印书馆贺麟先生所译的《伦理学》版本；其他的引用，则直接采用了张卜天先生的版本。《心灵与物质》部分的引用文字，斯宾诺莎的仍采用贺麟先生的《伦理学》译本，其他文字则根据英文重新译出。

在整个翻译过程中，我要感谢我的夫人的支持。她从普通读者的角度阅读了我的译文，并在文字表达上提供了许多建议。我还要感谢傅渥成博士对译文的科学性做了许多校对和评注。

并在此，谨向翻译过这本书的所有译者表示敬意！

邹路遥

2019 年 5 月

于法国里尔

生命是什么

——活细胞的物理观

本书由我在 1943 年 2 月于都柏林三一学院所做的
演讲汇集而成。演讲由都柏林高等研究院资助。

献给我的父母

前言

人们通常认为，科学家应当对某一门学科的知识融会贯通，也因此，他们通常不会对自己不熟悉的话题发表意见。大家把这个叫作“位高责任重”。但如果我有什么地位的话，我请求为了讨论“生命是什么”这个话题而放弃这种地位，并且不被相对应的责任所约束。我的理由如下：

自古以来，我们就一直在不懈追求能够无所不包、一统万物的真知。我们把求知的最高学府称为“大学”。这正好说明了千百年来，人类最为推崇的是真知的**普适性**[①]。然而，近百年来，知识的众多分支都得到了深刻且广泛的传播。这使得我们面临一个奇特的窘境。一方面，我们清楚地意识到，我们如今终于有能力开始获取可靠的材料，用以融会贯通所有的知识；但另一方面，对任何个人来说，几乎都不可能掌握比某个专业领域更多的

① 译注：普适性（universal）和大学（university）词根同源。

知识了。

倘若我们尚未失去追求真知的目标，那就必须有人站出来；哪怕冒着误导大家的风险，使用不完备的二手材料，也要尝试把所有已知的事实和理论汇集起来。除此之外，我找不到任何其他可以解决这个窘境的办法。

对此我深感抱歉。

另外，也不能忽视语言上的困难。一个人的母语好比一件合身的衣服。如果他不能方便地使用母语，而必须使用另一种语言的话，他绝不会舒服。我非常感谢都柏林三一学院的英克斯特博士（Dr. Inkster）、梅努斯圣帕特里克学院的帕德里克·布朗博士（Dr. Padraig Browne）以及 S.C. 罗伯茨先生（Mr. S. C. Roberts），他们费尽心力，帮助我使用新的语言。而且，我有时候会坚持保留我“独创”的语言风格，这就更承蒙他们费心纠正了。如果文中还有这些风格的影子，那也都是我的问题，绝不是他们做得不够好。

本书的小节标题，本来只是写在页边的摘要。因此，读者应该**前后连贯地**阅读所有章节。

E.S.

于都柏林 1944 年 9 月

自由的人绝少想到死；他的智慧，不是死的默念，而是生的沉思。——斯宾诺莎《伦理学》第四部分，命题 67。

第一章

经典物理学家切入生命问题的角度

我思故我在。

——笛卡尔

生命的普遍特征，以及探讨生命问题的目标

这本小书来自我这个物理学家对大约400名听众做的一系列公开演讲。在演讲之初，我就友情提醒，演讲的主题很艰涩。即使我几乎没有使用物理学家最有力的武器——数学推导，演讲也不会很通俗。但我这么做，并不是因为演讲的主题简单到不需要数学就能解释，而是因为问题太过复杂，只靠数学是解决不了的。不过，还是有很多人坚持到了最后。而我作为演讲者，也希望能够向物理学家和生物学家阐释清楚横跨物理学和生物学的基本概念。这多多少少使得演讲稍微好理解一些。

虽然书中涉及了很多话题，但整本书实际上只想传达这一个主题：即我对生命这个重大问题的一些小小的思考。为了避免误入歧途，我们不妨先简要勾勒一下之后的讨论计划。

这个被很多人讨论的重大问题就是：应该如何用物理学和化学来描述活生物体内在**时间和空间的维度上**进行的各项活动？

一个粗浅的回答是：现阶段，物理和化学没有能力解释这些活动。但我们并不会因此怀疑，物理和化学终究能够把它们解释清楚。

这正是本书将要阐述并确立的观点。

统计物理，结构上的本质区别

如果纯粹是为了鼓励人们，对未来能够实现过去尚未实现的事怀抱期望，这就没什么意义了。但是，如果我们能够充分说明为什么现在物理和化学无法解释生命问题，这就有意义得多。

生物学家，尤其是众多遗传学家，在过去三四十年中做出了精彩的工作。如今，这些工作使我们对生物的物质结构和生物功能有了许多了解。通过这些了解，我们有准确的理由做出如下判断：当前的物理学和化学没有能力描述生物体在时间和空间维度上发生的各项活动。

对生物体内最关键的部位来说，它们的原子排列方式和原子之间的相互作用，本质上不同于物理学家和化学家在实验室和理论研究中摆弄的那些研究对象。不过，常人可能会认为我所说的本质区别无足轻重，除非此人是一位物理学家，并且笃信，物理学和化学定律是统计规律。[①] 这是因为，从统计学的观点来看，生

① 这里的论断可能太过笼统了。具体的讨论请参见本书结尾部分。

物体内关键部位的结构，与物理学家和化学家在实验室中研究过的，或者在脑中想象过的任何物体都完全不同。[①] 要直接用物理学和化学的定律和规则来解释和这些学科的研究对象结构完全不同的系统的行为，这简直不可想象。[②]

我刚才使用了相当抽象的术语来表达这种“统计结构”上的区别。如果一个人不是物理学家，就不要指望他能理解这种区别了，更别说让他意识到这种区别的现实意义。为了让我的陈述更生动形象一些，让我先预告一下：染色体是一个活细胞最重要的部分；它可以被称为**非周期性晶体**。后面，我还会更详细地阐述这一点。但物理学只研究过**周期性晶体**。在谦卑的物理学家眼里，周期性晶体就已经是极其有趣而且复杂的事物了。它们形成了最引人入胜的复杂结构。凭借这种结构，无生命的大自然已经让物理学家费尽心机了。不过，在非周期性晶体面前，周期性晶

---

① F.G. 唐南所写的以下两篇激动人心的论文，强调了这个观点：F.G.Donnan，Scientia，XXIV，no. 78（1918），10（‘La science physico-chimique décrit-elle d’une façon adéquate les phénomènes biologiques?’）；Smithsonian Report for 1929，p. 309（“The mystery of life”）。

② 事实上，生命系统并不是完全令人陌生的事物，而化学家和生物学家也并没有在实验室的研究中排除生命系统。即使从现代观点来看，生命系统中的化学和物理学也并不会违反最基本的化学和物理规律，虽然针对生命体系，也需要在基本的物理和化学规律基础上发展新的模型和理论。只不过，在各项生命活动的具体细节上，由于尚未发展出合适的试验技术手段，人们当时还无法揭示生命现象在分子层面的机制。即使如此，人们也并非像薛定谔所说的那样对生命系统一无所知。20 世纪 20 年代，亨利·戴尔（Henry Dale）和奥托·勒维（Otto Loewi）就已经揭示了神经递质乙酰胆碱可以产生神经冲动信号。他们的研究已经触及了生命现象的分子机制。——译者注

体却黯然失色。如果说，周期性晶体像一张墙纸，同样的图案以规则的周期不断重复，那么，非周期性晶体就好比是拉斐尔壁毯这种大师级作品，其中没有枯燥的重复，而是通过丰富又统一的图案表现出大师的匠心。这就是周期性晶体和非周期性晶体之间的巨大差别。

我只是说，物理学家才会把周期性晶体视为他最为复杂的研究对象之一。实际上，有机化学研究的分子越来越复杂，这已经很接近那种“非周期性晶体”了。我觉得，生命的物质载体正是这种“非周期性晶体”。因此，有机化学家已经对生命问题做出了重要贡献，但物理学家却毫无建树，这就一点也不奇怪了。

朴素的物理学家探讨生命问题的方法

我们已经简要阐述了本书的基本观点，或者更应该说是讨论的终极视角。接下来，让我来说一下论证的思路。

首先，我想解释一下“一个朴素的物理学家看待生物的观点”。在学习了多年物理学，尤其是这门科学的统计基础之后，这种方法就会在物理学家的脑海中浮现。他会开始思考生物是什么，思考如何解释生物的行为和功能。他还会扪心自问，能否从他所学出发，从这门相对简单、清晰并且谦卑的学科出发，对生命问题做一点贡献。

结论是可以。下一步，就需要把理论的预言和生物学事实做比较。然后，我们会发现，尽管他的理论整体还算靠谱，但仍需要多加修正。这样，我们应该就能逐渐接近正确的观点，或者谦虚一点说，接近于我自认为正确的观点。

即使我的观点正确，我也不确信我的方法就是最好、最简单的方法。但是，这好歹是我的方法。我就是这个"朴素的物理学家"。除了这种别扭的方法之外，我再也找不到其他更好、更清晰的方法来抵达目标了。

原子为什么这么小？

有个好办法，可以进一步阐释"朴素的物理学家的观点"，只不过需要从一个几近荒唐的奇怪问题出发。这个问题就是：原子为什么这么小？首先，原子的确非常小。在我们日常生活可接触的范围内，再小的物品也包含了巨大数量的原子。有许多例子可以给大家解释这个事实，其中最令人印象深刻的，莫过于开尔文爵士举的例子。假设你可以对一杯水中的分子进行标记，把这杯水倒入大海中，均匀搅拌，让这杯水中的分子彻底均匀地分布到地球上的七大洋中。然后，你再从海里任意舀一杯水，这杯水里，你仍然会找到上百个此前标记过的分子。①

原子的实际大小是黄色光波长的 1/5 000 到 1/2 000。② 这两者之间的差距意义重大，因为光的波长基本决定了显微镜能够分辨的最小微粒的尺寸。③ 由此可见，显微镜下可分辨的最小微粒仍然包含了数十亿个原子。

那么，原子为什么这么小呢？

这个问题显然有些绕，因为这个问题的真正目的其实并非原子的尺寸。这个问题关心的是生物的尺寸，尤其是人类身体的尺寸。与我们日常使用的长度单位（例如码④ 或者米）相比，原子显然很小。我们日常使用的单位和人类身体的尺寸紧密相关。例

---

① 当然，你不太可能在这杯水中正好找到 100 个分子（即使计算的结果正是 100）。你可能会找到 88 个、95 个、107 个或者 112 个，但被标记过的分子的数量不太可能少于 50 个，或者多于 150 个。实际找到的分子数量，与计算值的“偏差”或曰“波动”，差不多是 100 的平方根，即 10 左右。统计学家使用 100 ± 10 来表示这一结果。现在，你可以先不管这些。稍后，当我们讲到统计学上的根号 n 规则时，我们还会遇到这个例子。

② 现代理论认为，原子并没有明确的边界。因此，原子的“大小”并不是一个定义明确的概念。但是，我们可以把固体或液体中相邻原子中心的间距认为是原子的大小。当然，气体不行。在常温常压下，气体中的原子间距，比固体和液体中的差不多要大 10 倍。

③ 可见光的波长（0.4~0.7 微米）只限制了**光学显微镜**的分辨率。但是人们根据德布罗意物质波的概念，制造出了**电子显微镜**，就能获得比光学显微镜高得多的分辨率，分辨率可达 0.1~0.2 纳米，即单个原子大小。而且，后来人们还发展出“超分辨荧光显微镜”技术，使得光学显微镜的分辨率也突破了衍射极限，达到 1~2 纳米的级别。2014 年的诺贝尔化学奖就颁给了这项技术。这些都是薛定谔没想到的。——译者注

④ 码（yard），英制单位长度，1 码等于 36 英寸，合 0.914 4 米。——译者注

如，据说码的起源和一位幽默的英国国王有关。国王的大臣问他该用什么长度单位。他侧着举起自己的手臂说道，“从我的胸口到指尖的距离，就正好。”不管这则轶事是真是假，它都很能说明问题。这位国王自然而然就选择了与他自己的身体相当的长度作为单位，因为他知道，其他选择将会非常不方便。在原子物理学中，约定俗成的长度单位叫“埃（Å）”。1 埃只有 1 米的 $1/10^{10}$，即 0.000 000 000 1 米。原子的直径在 1~2 埃之间。即使是钟爱于用埃做单位的物理学家，当他要做新西服的时候，也还是希望听到用料是 6 码半粗，而不是 650 亿埃粗呢。正是在这种日常单位制下，原子才显得如此微小。

因此，我们想讨论的问题其实是，我们身体的长度与原子长度之间的比例。毫无疑问，原子可以独立存在。那么，真正的问题是：为何我们的身体需要比原子大那么多？

人体的所有器官，或多或少是我们身体不可缺少的组成部分，因此（从之前提及的尺寸比例来看）本身也包含了数量众多的原子。我可以想象，许多对物理学或化学感兴趣的学生都可能会哀叹，这些感觉器官都太粗糙了，它们感受不到单个原子的碰撞。对我们来说，单个原子看不见、听不到、摸不着。我们虽然假设原子存在，但这和我们庞大的器官的直接感受差别太大了，这些感受并不能直接验证原子的存在。

非得这样吗？背后是否有本质的原因？我们有没有能力追溯

到某种第一性原理，用以确认并理解人的感官为何非得与大自然的规律如此不协调?

这一次，物理学家有能力彻底说清楚这个问题。所有提出的问题都将有肯定的回答。

生命活动需要遵循严格的物理定律

假如有一种与众不同的生物，它拥有极其敏锐的知觉，能够感受到一两个原子的影响，好家伙，这会变成什么样子呢?我想强调一点：我刚才假设的那种生物，几乎肯定没有能力发展出有序思维。正是这种有序思维，经过了漫长的发展，最终形成了诸如“一个原子”这样的概念。

虽然我接下来想讨论的想法只围绕感官这一点，但它们本质上也能解释大脑和知觉系统之外的其他器官的功能。不过，我们对自身最感兴趣的一点，就是人为何能够感受、思考和感知。相对于负责思维和知觉的生理学过程，任何其他生理学过程都处在辅助地位。即使从纯粹客观的生物学角度来说，这一点有可能不太正确的话，那至少从人类的角度来说是没问题的。而且，这给了我们动力来研究那些与主观感受紧密相关的过程，哪怕我们并不清楚这些紧密相关的现象的真实本质。其实，我觉得这已经超出了自然科学的范畴，甚至很可能超出了人类对世界的全部了解了。

这么一来，下面的问题就摆在我们面前：为什么像人类大脑这样与知觉系统相连的器官，非得由不计其数的原子组成，才能使其物理状态的变化和某种高度发达的思维紧密联系在一起？器官无论在整体上，还是用它与环境直接接触的外围部分，都不能像极其精巧、敏锐的仪器那样，对外界单个原子的碰撞做出记录和反应。为什么会这样？[①]

原因有两个。首先，我们称之为“思维”的东西，本身就是有序的事物。其次，思维只能建立于感知或经验的物质基础之上——这两者也在某种程度上也是有序的。这导致两个结果。首先，与思维紧密相关的身体组织（正如我的大脑中装着我的思维），必定是一个极其有序的组织。这意味着，在这个组织中发生的事情，至少需要在很高的精度上遵循严格的物理定律。其次，外界其他物体对这个极其有序的物理系统施加的物理影响，显然就对应于感知和经验，成为我说的思维的物质基础。因此，这个系统和外界在物理上的相互作用，通常也应当具有某种程度的物理秩序。也就是说，它们也应当遵循严格的物理规律，并达到一定的准确度。

---

①　现代的实验结果表明，有的生物其实也进化出了一些极为敏感的感受器。生物并非不能直接感受微观世界。人眼的视杆细胞甚至有能力探测到单个光子 [J. N. Tinsley et al.，*Nature Communications*，7，12172（2016）]。——译者注

物理定律建立在原子统计之上，因而只是近似

如果一个有机体仅由少量原子组成，并且敏锐到能够感受一两个原子的碰撞，那为什么它就注定无法实现上述目标呢?

因为我们知道，原子无时无刻不在进行毫无秩序的热运动。这么说吧，这种热运动会破坏体系的有序行为。因此，少数原子的行为，不会表现出任何明确的规律。只有针对海量原子的运动，统计规律才能开始起效，并准确预测这些“**集合体**”（*assemblées*）的行为。涉及的原子数量越多，规律的准确度也就越高。通过这种方式，系统的行为才真正变得有序。在生物的生命活动中，所有已知能起重要作用的物理和化学规律，都具有这种统计属性。人们能想到的其他规律和秩序，永远会被永不停歇的原子热运动干扰，无法起作用。

大量原子参与产生精确规律的第一个例子（顺磁性）

精确的物理和化学规律需要大量原子的参与。这样的例子成千上万，我准备随便举几个。我们探讨的是现代物理学和化学中的基础概念，就好比生物由细胞组成之于生物学，牛顿定律之于天文学，乃至 1，2，3，4，5……一系列整数之于数学。不过，如果读者是首次接触这些基础概念，那我的例子可能并不是最好

最易懂的。新手不要指望通过下面寥寥数页内容，就能全面理解并认同在教科书中被称为“统计热力学”的学科。这门学科，和路德维希·玻尔兹曼、威拉德·吉布斯[1]这样的伟大人物联系在一起。

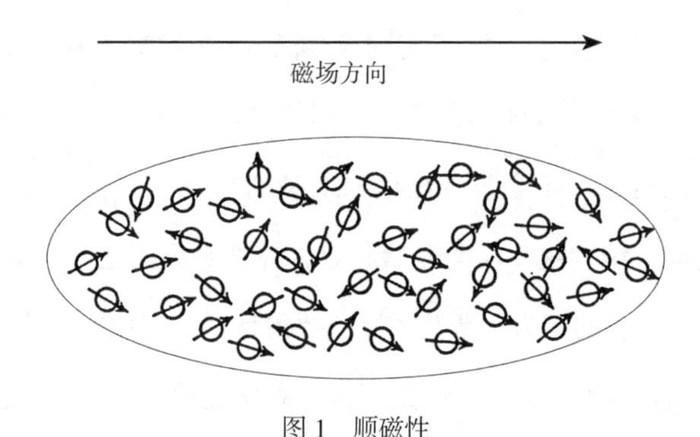

图 1　顺磁性

如果你把一个长方形的石英管充满氧气，并把它放在磁场里，氧气就会被磁化。[2]这是因为，氧气分子是微小的磁石。它们就像罗盘的指针一样，倾向于沿着平行于磁场的方向排列。但它们实际上并没有完全地平行排列。如果把磁场强度翻倍，氧气的

---

① 路德维希·玻尔兹曼（Ludwig Boltzmann），奥地利物理学家。统计力学创立者之一，提出了著名的熵公式 $S=k_B \ln\Omega$，从统计力学的角度解释了热力学第二定律，其中$\sqrt{k_B}$即为以他名字命名的“玻尔兹曼常数”；威拉德·吉布斯（Willard Gibbs），美国物理学家、化学家，在物理学上，他和麦克斯韦、玻尔兹曼共同创立了统计力学，并引入了“系综”的概念，在化学上，他提出了“化学势”的概念和“吉布斯自由能”，是判断化学反应在热力学上能否自发发生的重要判据。——译者注

② 选择气体，是因为气体比固体和液体要简单。事实上，这个例子中的磁化非常微弱，但这并不影响我们从理论角度解释此现象。

磁化强度也会翻倍。磁化强度随着磁场强度的增加而增加。即使在非常强的磁场下，这种正比规律都仍然成立。

这个例子清晰地表明，磁化现象纯粹是统计规律。在外磁场下，氧气分子倾向于整齐排列的过程，正持续不断地受到热运动的干扰，因为热运动产生随机的取向。这两者相互作用的结果就是，氧气分子磁偶极矩的方向和外加磁场的方向之间存在一个夹角。这个夹角既可能是锐角，也可能是钝角，但是成锐角要比成钝角可能性稍微更大一些。尽管单个分子会持续不断地改变空间取向，但许许多多分子产生的平均效应，就是沿着外加磁场的方向产生一个微小的优势，并且正比于外加磁场的强度。提出这个巧妙解释的是法国物理学家保罗·朗之万[①]。可以用以下方法来检验这个解释。外加磁场希望使所有分子平行排列，而热运动则产生随机取向。如果这两者竞争的产物确实就是实验观测到的微弱的磁化强度，那么除了增强外磁场外，削弱热运动（即降温）也应当可以增强磁化强度。实验证明了这一点。磁化强度和绝对温度成反比，与理论预测（居里定律）定量地吻合。现代仪器设备甚至允许我们通过降低温度，使热运动几乎完全停止。在这种情况下，即使氧气分子的磁场取向还不算百分之百一致，也至少能够很接近"完全磁化"的状态。这时，我们不会再期望外加磁场

---

① 保罗·朗之万（Paul Langevin），法国物理学家。他的主要贡献是随机过程中的朗之万方程。——译者注

加倍能够使磁化强度加倍。随着外加磁场的增加，磁化强度将会增长得越来越慢，直至“饱和”。这个效应也被实验定量验证了。

第二个例子（布朗运动，扩散）

取一个密闭的玻璃容器。如果把它的底部充满由许多微小液滴组成的雾，你会发现，雾的上边沿会以明确的速度下沉。空气的黏度、液滴的大小和重力决定了下沉的速度。但是如果你用显微镜观测某一个液滴，你会发现它并不会以恒定的速度持续下沉，而是在做非常不规则的运动。这就是所谓的布朗运动。只有取平均效应，液滴才表现出稳步下沉。

这些液滴并不是原子。但是它们足够小足够轻，仍旧能够感受到单个原子撞击其表面产生的冲击力。因此，它们不断受到扰动，只在平均效应上才能体现重力的影响。

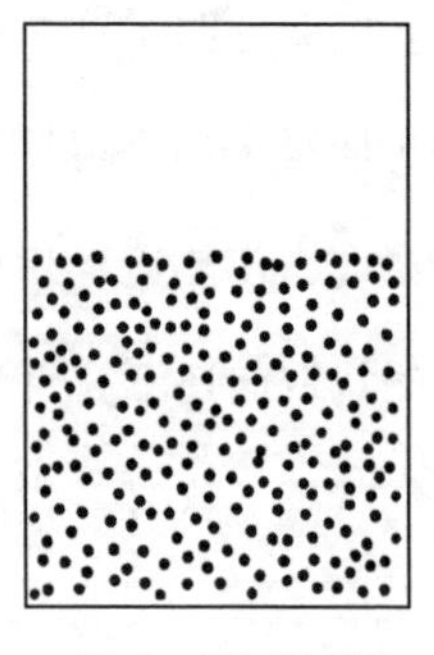

图 2　下沉的雾

这个例子表明，如果我们的感知会受到少数几个原子的影响，这种感受将会多么滑稽和混乱。细菌和其他一些生物非常微小，它们就会受到这种现象的强烈影响。它们的行动取决于周围环境的热运动，而且别无选择。倘若它们自己也有移动能力的话，可能还是能够从一处移动到另一处。但过程一定非常艰难，因为它们就像惊涛骇浪中的小船一样，会被热运动颠来颠去。[1]

一种与布朗运动十分相似的现象叫作**扩散**。假设有一个容器，其中充满液体（比如水）。水中溶解了少量的

图 3　单个下沉液滴的布朗运动

① 实际上，薛定谔此处的估计并不准确。布朗运动因罗伯特·布朗著名的花粉实验而得名，他在 1827 年对悬浮在水中的花粉的运动做了观察。花粉和细菌的尺寸都在数十微米，而水分子的直径则约为 0.3 纳米，两者直径相差了上万倍，体积相差万亿倍。事实上，这样悬殊的体积使得花粉和细菌基本不会受到水分子冲击的影响。在布朗的手稿中，他写的实际是“从花粉中迸出的细小微粒”呈现出不规则的运动，而因为翻译错误，以讹传讹，大众就误解为是花粉本身受到了布朗运动的影响。薛定谔显然也相信了这种讹传。此外，和花粉相比，细菌还能在溶液中进行自主运动（前进翻滚），有的细菌的鞭毛每秒钟可以旋转成百上千次，比我们生活中常见的电动机的转速快得多。细菌在寻找食物时，确实也通过随机行走的方式运动，但这是细菌依据食物（糖）的浓度高低进行的搜索方式。在体积远大于溶剂分子且食物充足的情况下，布朗运动的效应对细菌运动的影响几乎可以忽略。——译者注

有色物质（比如高锰酸钾），而且各处的浓度不同。如图 4 所示，小圆点代表了溶质分子（高锰酸根离子），而浓度则从左到右越来越稀。如果你将这个系统静置在那里，一个非常缓慢的“扩散”过程就开始了。高锰酸根离子会从左向右分散开来，从浓度高的地方移向浓度低的地方，直到在水中均匀分散。[①]

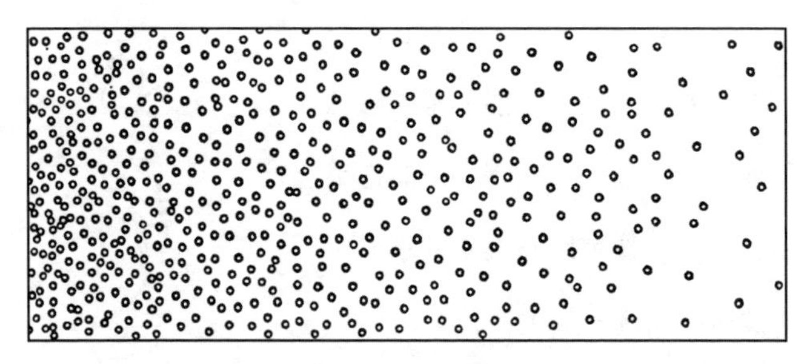

图 4　浓度不断变化的溶液，从左向右的扩散

这个过程十分简单，没什么新奇之处。但它却有着重要的意义。一个国家中，国民会主动迁移到人口更稀少的地方。[②] 但可能

---

① 实际上，像高锰酸钾这样的可溶性盐类，在水中溶解后就成了高锰酸根离子和钾离子。因此，如果严格来说，图 4 中应该画出两种不同的小圆点，分别代表这两种离子。文中并没有这样的区分，并且混用了高锰酸根离子、高锰酸钾分子（严格来讲在水溶液中并不存在）等说法。因为从物理角度看，这个例子只是为了说明溶质粒子的扩散现象，究竟是什么粒子在扩散并不重要。这种语境下，物理学家甚至化学家会笼统地将这些粒子称为“分子”，译文也就遵从原文的用词，不做仔细区分了。——译者注

② 事实上，国内的人口迁移可比扩散复杂多了。试问，有多少人会主动迁移到人口稀少的地方，只是为了让国家中各处的人口密度都相同呢？但不管怎样，薛定谔这里想表达的实际意思是，人口迁移由外力驱动，带有明显的目的性；而扩散现象的成因却不是外界的主动驱动。——译者注

出乎你所料，对高锰酸钾而言，这样的事情并不存在。扩散过程中，没有任何力或者趋势在驱动高锰酸钾从拥挤的区域前往稀疏的区域。溶液中，每个离子几乎都在独立行动，很少会遭遇其他离子。无论是在拥挤的地方，还是在稀疏的地方，每一个离子都遭到水分子持续不断的冲击。因此，它们的运动方向无法预测。它们有些向浓度高的地方去，有些向浓度低的地方去，有些则侧向而行。这种运动经常被比喻成一个眼睛被蒙住的人在巨大的表面上持续“行走”。他没有任何方向的偏好，因此不断改变着自己行走的方向。[①]

每个高锰酸钾分子都随机行走，却产生了指向低浓度区域的持续流动，并且最终使得溶液均匀分布。这乍一看令人十分困扰，但仅此而已。你可以把图 4 看成由许许多多浓度处处相同的纵向小切片组成。那么，在某个特定时刻，某个切片中的高锰酸钾确实都在随机行走，有相同的概率朝左走或者朝右走。但这样造成的结果，正是分隔两个相邻切片的平面上，从左边过来的高锰酸钾会更多，而从右边过来的则少一些。这是因为，相比于右边的切片，左边的切片中有更多的分子在参与随机行走。两者平衡的结果就会显现出分子从左到右持续流动，直到浓度处处相同为止。

如果用数学语言来表达上述分析过程，那扩散的规律可以严

---

① 这便是著名的“随机行走”模型。——译者注

格地用偏微分方程来表示：

$$\frac{(\partial\rho)}{\partial t}=D\nabla^2\rho\ ,$$

我不打算给读者解释太多，免得徒增麻烦，但用普通语言来表达这个方程的含义也很简单。[①]

我之所以强调这个规律在“数学上精确”，是为了强调，并不能保证这个规律在每个独特的场景中都具有物理学上的精确性。扩散是纯粹基于概率的规律，所以它仅仅是近似有效。一般来讲，如果它是一个很好的近似，那仅仅是因为参与现象的分子数量巨大。参与的分子数量越少，就越容易出现偏离规律的情况——而且在合适的条件下，这些偏离是可以被观测到的。

第三个例子（测量精度的极限）

我想举出的最后一个例子和第二个例子也很类似，但又有其独特之处。取一根长长的细丝，挂上一个微小的物体，使它在空间中的取向处在平衡状态。物理学家常常用这种装置来测量微小的力，因为外力会使悬挂的物体偏离平衡位置。它可以测量电

① 即：任意一点上的浓度值都在随时间的变化而增加（或减少）。而在无限靠近这个点的周围环境中，那里的浓度也会比这个点上的浓度更多（或者更少）一点。这一点上的浓度随时间的变化率，就正比于它在空间上和周遭环境的浓度差。同样的，热传导定律也拥有完全相同的形式，只是“浓度”需要被替换为“温度”。

力、磁力或者重力。(当然，需要根据待测力的类型，选择合适的微小物体。)这种常用的设备叫作“扭秤”。人们持之以恒地努力提高扭秤的测量精度，但遇到了一个奇怪的极限。最有意思的地方正是这个极限本身。为了让扭秤能够感受到更弱的力，需要使用更轻的物体和更细更长的丝。如果悬挂着的物体敏锐到能够感受周围分子热运动的冲击，它就会开始在平衡位置附近不停地做无规则“跳动”，就好像第二个例子中颤动的液滴那样。尽管这种现象理论上并不会成为测量精度的绝对极限，它却会成为实际操作上的极限。不可控的热运动与待测量外力的效应相竞争，这使得每次测量到的偏移没有意义。你必须进行多次测量，以便减轻仪器的布朗运动的影响。我认为，在本次讨论中，这个例子尤其具有启发性。因为我们的感觉器官其实就是一种仪器。可见，如果感觉器官变得太过敏锐，它们就会变得多么没用。[①]

$\sqrt{n}$ 法则

例子讲得差不多了。我还想再补充一点，可以作为例子的物理学和化学定律有千千万，它们都与生命以及生命和环境的交互相关。我并没有刻意避开其中任何一个。有些例子的细节可能更复杂一些，

① 正如上文的注释中所说，生物的感官不但可以足够敏锐，而且有能力过滤噪声。薛定谔对生物系统的假定过于简化了。——译者注

但关键点始终相同。所以，再举例子的话就显得千篇一律了。

但我希望再补充一个重要的定量结论，即所谓的$\sqrt{n}$法则。它可以描述普遍存在于物理定律中的不精确度。我会先举一个简单的例子，然后再做推广。

在给定的气压和温度下，一种气体具有给定的密度。而我会说，在这种气压和温度下，某个体积（适合做实验的体积）中会存在 n 个气体分子。如果我用这种方式来表达气体的密度，那你一定会发现这不准确。在任何时刻去验证，你都会发现偏差的程度和$\sqrt{n}$处在相同量级。也就是说，如果 n=100，你就会发现大约 10 的偏差，相对误差为 10%。而如果 n=1 000 000，你则会发现大约 1 000 的偏差，相对误差为 0.1%。大体来讲，这个统计规律相当普遍。物理学和物理化学的定律并不精确，它们的相对误差可能就在 1/$\sqrt{n}$的级别，其中 n 为定律中涉及的分子个数。这是说，在某些条件下或某个特定的实验中，能在特定的时间和空间范围内体现出这些定律的分子个数。

于是我们又一次看到了，生命必须具有相对庞大的结构，才能被相对精确的规律所描述。这对生命体内的活动以及生命和外界的交互来说都是如此。不然，要是参与相互作用的粒子数量太少，“规律”就太不精确了。这里的关键就在于这个平方根。因为虽然一百万也算是个大数目了，但准确度也就是千分之一。对一条神圣的“自然法则”来说，这仍然显得不够。

第二章

遗传规律

存在是永恒的；因为有许多法则保护了生命的宝藏，而宇宙从这些宝藏中汲取了美。

——歌德

经典物理学家的想法却大错特错，这非同寻常

于是我们得出结论，生物及其所有与生命活动相关的过程，必须是十分夸张的“多原子”体系，而且必须防止充满偶然性的“单原子”过程产生显著影响。这个“朴素的物理学家”告诉我们，这件事至关重要。只有这样，生命才有可能获得足够精确的物理规律，并在此基础之上展开极其规则和有序的活动。那么，如何从生物学的角度**先验地**（即从纯粹物理学的角度看）得到这些结论，并使其符合现实中的生物现象呢？

乍一看，这些结论几乎太过平常。比如，生物学家在 30 年前可能就已经知道了。虽然很适合在公众演讲中强调统计物理在生物学和其他领域的重要性，但是上文的结论其实就是老生常谈。因为对任何一个成年的高等生物来说，不仅是它的个体，哪怕组成其躯体的每一个细胞，本身都拥有“天文数字”般的多种原子。而我们所观察到的每一种生理学过程，都涉及如此众多

的原子和单原子过程。无论是细胞中的过程，还是细胞与环境的交互，都是如此，而且可以说，我们在 30 年前就知道了。这样，所有与之相关的物理学和物理化学规律，就都能满足统计物理学对于“巨大数量”的严格要求，也即我刚才阐述的$\sqrt{n}$法则的要求。

如今我们发现，这种观点可能不对。你将会看到，生物体内有许多微小的原子团，它们的原子数量虽然少到呈现不出精确的统计规律，却掌控着极其有序、有规律的生命过程。它们控制着生物生长发育中获得的外显宏观特征，它们决定着生物功能的重要特性。这些情况均表现出极其准确且严格的生物学规律。

我必须先简要总结一下生物学，尤其是遗传学。换言之，我需要总结一个领域的现状。我不得不这么做，哪怕这个领域并非我的专长。因此，我为我这个外行的总结深表歉意，而且尤其要对生物学家表示歉意。另一方面，请允许我以多少有些死板的方式向你们陈述当前的主流观点。一个可怜的理论物理学家没有办法做到对实验证据进行全面的调研。[①] 这些实验证据，一方面来自许许多多漫长的育种实验，它们彼此之间精彩的关联，显示出前无古人的创造力；另一方面，则来自使用最精良的现代显微镜对

① 的确如此。后人对《生命是什么》的批评中，有一些批评就指出，薛定谔的“文献调研”做得很不够。他仅仅参考了几篇论文，而忽略了许多同样重要的其他研究。——译者注

活细胞进行的直接观察。

遗传密码（染色体）[①]

生物学家把遗传密码称为“四维图案”，所以也请允许我使用生命的“图案”一词。这个词不仅指代了生物在成年或者任何其他生命阶段的结构和功能，而且包括了生物开始自我繁殖时，从受精卵直到性成熟的全过程。现在大家已经知道，受精卵这一个细胞就决定了这整套四维图案。我们还知道，这一切基本上只取决于细胞核的结构。细胞核只是细胞内很小的部分。它通常处在“休眠状态”，并表现为细胞内部的网状染色质[②]。但在细胞分裂（有丝分裂和减数分裂，见下文）的关键过程中，细胞核显示出由一系列通常呈纤维状或棒状的颗粒组成。它们叫作染色体。细胞核中的染色体，有的是 8 条，有的是 12 条，对人来说

---

① 薛定谔文中的“遗传密码（hereditary code-script ）”指的就是染色体。而现代“遗传密码(genetic code)”特指将密码子转译为氨基酸序列的一套规则。密码子是 DNA 或信使 RNA 序列中三个为一组核苷酸。薛定谔的用语和现代术语之间的微妙差别，还请读者留意。——译者注

② 这个词的意思是“会染上颜色的物质”。在显微技术下，特定的染料可以使其染上颜色。

则是 46 条。[①] 但是我其实只需要把这些数字写成 2×4，2×6，…2×23…… 并且遵循现代生物学家常用的术语，把它们称为两个染色体组。这是因为，虽然同一组染色体内的不同染色体通常具有不同的形状和大小，可以明确区分，但两组染色体却几乎一模一样。很快我们会看到，这两组染色体一组来自母亲（卵细胞），另一组来自父亲（精子）。正是我们在显微镜下观察到的这些染色体，甚至仅仅是它们的纤维骨架，包含了用某种密码写成的完整图案。这些图案指导着生物个体未来的生长发育，控制着生物个体成熟之后的所有功能。每一组完整的染色体都包含有全部密码。因此，受精卵中通常拥有两份遗传密码，这就是一个生命的最初阶段。

我们为什么要把染色体纤维的结构称为密码呢？拉普拉斯曾经设想过一个全知全能的妖怪，它对世间所有的因果关系都了如指掌。倘若有这个妖怪，那它就能从染色体的结构中得知，一个受精卵在合适的条件下会发育成黑公鸡还是花母鸡、苍蝇还是玉米、杜鹃花还是甲壳虫、老鼠还是女人。再补充一点，卵细胞的

① 我们现在知道，人类染色体的数量应当是 22 对常染色体，加 1 对性染色体，总共 46 条。薛定谔在原文中全部写成了 48 条。这可能是因为人猿的染色体是 24 对、48 条，而当时科学家尚未彻底搞清楚人类染色体的状况，就认为人的染色体数目应当和人猿一样。后续研究表明，人类的 2 号染色体极有可能是由古猿的两条染色体通过“端粒—端粒”融合而形成的（J. W. Ijdo et al.，*PNAS*， 88， 9051—9055（1991））。在译文中，我们直接替换为了正确数字，以免读者产生误解。——译者注

样子通常都很相似。即使有些鸟类和爬行动物会下巨大的蛋，这种外形结构上的差别也小过营养物质之间显而易见的差别。

当然，“密码”一词的含义太局限了。染色体的结构不仅预言了生命的样子，也在其发育过程中起重要作用。它们既是法律条文，也是执法机构。或者再打个比方，它们同时是蓝图和建筑工。[①]

躯体通过细胞的分裂生长（有丝分裂）

在个体发育[②]的过程中，染色体如何发挥作用呢？

生物的成长依靠持续不断的细胞分裂。这种细胞分裂叫作有丝分裂。考虑到组成人体的细胞为数众多，在每个细胞有限的生命周期中，有丝分裂并没有你想象的那么频繁。生命刚诞生的时候，个体生长很快。受精卵分裂成两个“子细胞”，接着又

---

① 囿于历史局限，薛定谔对遗传的分子机制认识并不充分。现代遗传学表明，细胞核染色体中的 DNA 只负责存储生物的遗传信息，而蛋白质的合成场所则在核糖体。在将 DNA 中的信息表达为蛋白质的过程中，需要信使 RNA 和转运 RNA 的参与。信使 RNA 从细胞核的 DNA 中拷贝出需要表达的基因序列，作为蛋白质合成的模板。在核糖体中，转运 RNA 根据信使 RNA 上的序列抓取对应的氨基酸，完成蛋白质的合成。因此，染色体确实只是“法律条文”或“蓝图”。“执法机构”或“工程师”是信使 RNA，而转运 RNA 则是“建筑工人”。当然，有假说认为，地球生命最早期也经历过混用 RNA 的阶段。——译者注

② 个体发育是生物个体在一生中的成长发育。与之相对的概念是系统发育，这是指物种类群在地质年代中的发展过程。

分裂为4个，然后是8个、16个、32个、64个……但细胞分裂的速率在身体各部分并非完全一样，因此这些数字会慢慢变得不一样。不过，细胞数量增长迅速。很容易计算出，受精卵只需连续分裂50到60次，就足以产生一个成年男性体内的细胞数量。①如果把人一生的细胞更迭也考虑在内，那数目就再翻10倍。因此总的来说，我体内的细胞，是发育成我的那个卵细胞的第50到60代子孙。

有丝分裂中，每条染色体都复制了一份

有丝分裂的过程中，染色体如何变化呢？染色体发生复制——每一组染色体，每一份遗传密码，都复制一遍。科学家对这个过程极其感兴趣，在显微镜下深入研究过它。不过这里限于篇幅就不展开了。要点是，两个“子细胞”都各自得到了两份和母细胞一模一样的染色体组。因此，人的所有体细胞都拥有完全相同的染色体。②

无论我们多么不清楚其中的机制，我们也敢肯定，这和生物的功能一定紧密相关。每个细胞都拥有一整套（双份）的遗传密码，甚至包括那些不太重要的细胞。不久前有篇新闻报道，说蒙

---

① 非常粗糙地估计，是上千亿或上万亿个。

② 我在这简短的总结中忽略了嵌合体这种特殊情况，望生物学家见谅。

哥马利将军[①]在他的非洲军事行动中，要求他麾下的每一个士兵都对他的作战计划了如指掌。如果新闻所说属实（的确有可能，因为他的部队既聪明又可靠），这就为我们的案例提供了一个绝好的类比，一个士兵就好比一个细胞。最令人惊讶的事实是，在有丝分裂的过程中，染色体组自始至终保持着双份。这是遗传规律中最突出的特征。只有一种情况不符合这个特征，但例外情况也恰恰突出了这个特征。接下来我们就要来讨论这种例外情况。

减数分裂和受精（配子配合）

个体发育开始后，一小部分细胞就被保留起来，以便在未来用以生产所谓的配子，也就是精细胞或者卵细胞。个体成熟之后，需要用配子进行繁殖。所谓“保留”，是说这些细胞在个体成熟之前，不再执行其他功能，而且几乎不发生有丝分裂。然后，这些被保留的细胞会进行特殊的分裂（叫作减数分裂），从而产生配子。这通常仅仅在配子配合之前很短的时间内才会发生。在减数分裂中，母细胞中的一对染色体组单纯分裂成两个单组，每一组分别进入一个子细胞（配子）中。换句话说，有丝分

① 伯纳德·蒙哥马利（Bernard Montgomery），英国著名将军。二战期间，他在北非率领英军击溃了有“沙漠之狐”之称的德国隆美尔军团，一举扭转了同盟国在非洲的战局。他也因此名声大噪。——译者注

裂中染色体数量加倍的情况，在减数分裂中并没有发生。减数分裂中，染色体的总数量保持不变，因此每一个配子只拿到了一半染色体——即一组完整的遗传密码，而不是两组。对人来说，就是只拿到了 23 条染色体，而不是 2 × 23=46 条。

只有一组染色体的细胞叫作单倍体（haploid，来自希腊语 ἁπλοῦς，意思为单个）。因此，配子为单倍体。而正常的体细胞叫作二倍体（diploid，来自希腊语 διπλοῦς，意思为两个）。体细胞中拥有三组、四组或者多组染色体的情况偶尔也会出现，这些分别称为三倍体、四倍体或多倍体。

雄性配子（精子）和雌性配子（卵），都是单倍体细胞。在配子配合过程中，它们结合形成受精卵，这就成了二倍体。受精卵的染色体，一组来自母亲，另一组来自父亲。

单倍体个体

还有一个现象需要澄清。虽然我们的讨论主题不一定非得涉及这个现象，但聊一聊也很有意思。因为它表明，遗传密码的完整“图案”实际上存在于每一组染色体中。

有些情况下，细胞在减数分裂之后并不会立即受精。单倍体细胞（配子）直接发生多次有丝分裂，成长为一个单倍体个体。雄蜂和工蜂都是这样的例子。它们来自蜂王未受精的单倍体卵，是由蜂王通过孤雌生殖产生的。工蜂没有父亲！它所有的体细胞都是单倍体。如果你愿意，你也可以把它叫作一个巨大的精子。而且，众所周知，这正好是工蜂一生唯一的使命。不过，这么说可能不太对，因为这样的例子其实并不罕见。有些种类的植物会通过减数分裂形成单倍体配子，叫作孢子。它们落入土壤后，就像种子一样，会生长成为一株单倍体植株，体型堪比二倍体。图 5 是一株苔藓的草图，这种植物在森林中随处可见。它的下半部分是单倍体植株，叫作茎叶体（它是配子体）。它的顶端会生长出性器官和配子，经过相互受精，就可以产生正常的双倍体植株——裸露的茎秆。这是孢子体，因为它通过减数分裂，又可以在顶部的孢子囊中产生孢子。孢子囊一打开，孢子就掉入土壤，又成长为一株茎叶体。如此周而复始。这整个过程恰如其分地被称为世代交替。如果你愿意，你也可以认为人类和动物的常见情形也是如此。但是人和动物中，“配子体”通常是寿命很短的单细胞，例如，精子或卵细胞。我们的身体相当于苔藓的孢子体。我们的“孢子”就是被保留下来的细胞，它们通过减数分裂产生单细胞的配子体。

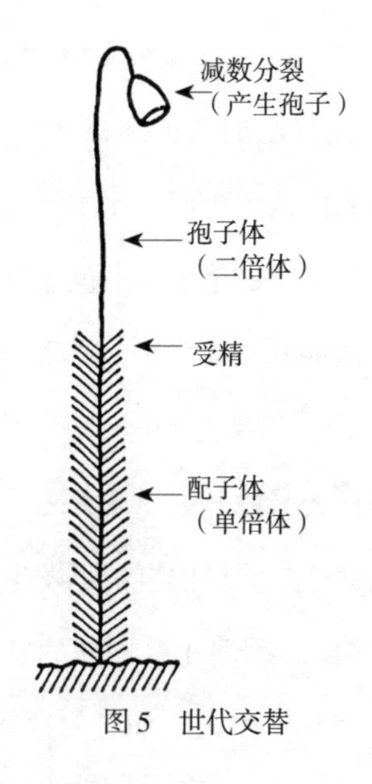

图 5　世代交替

减数分裂与本书主题极为相关

个体繁殖的过程中，真正起决定性作用的事件并不是受精，而是减数分裂。染色体一组来自父亲，另一组来自母亲。这件事无论如何都不会变。每个男人都是一半来自母亲，另一半来自父亲，丝毫不会偏差。[①] 但我们之后会讲到，另一些原因会导致有的人更像母亲，有的人更像父亲（显然，性别本身就是这种倾向最

① 每一个女人也同样如此。为了避免行文太过冗长，我在总结中省略了特别有趣的性别决定机制和伴性性状（比如色盲）。

浅显的例子)。[①]

但是，你若是追溯自己的遗传到祖父母一辈，情况就不同了。请让我拿一条父系染色体为例，比如第 5 号染色体。这条染色体是原原本本地从我父亲的第 5 号染色体复制而来的。而我父亲的那条，则要么是从他的父亲那儿，要么是从他的母亲那儿复制而来的。到底来自谁，概率是 50∶50。这取决于我父亲体内发生在 1886 年 11 月份的减数分裂。几天之后，这次减数分裂形成的精子导致了我的诞生。同样的事情也发生在我的父系染色体第 1，第 2，第 3……第 23 号身上。同样的事情也发生在我的母系染色体身上，只不过换了对象。而且，这 46 次复制，彼此之间都相互独立。即使知道我的父系染色体 5 号来自我的祖父约瑟夫·薛定谔，染色体 7 号仍有相等的概率，既可能来自他，也可能来自他的妻子玛丽·博格纳(娘家姓)。

染色体交换，性状的位点

在刚才的介绍中，我们默认(甚至明确表示)了，某一条染

① 薛定谔这里所说的是基因的“显性”和“隐性”。然而，人类的性别是通过性染色体上携带的特殊基因决定的。人类 Y 染色体上的 SRY 基因决定了男性睾丸的发育，从而起到决定性别的作用。而 X 染色体上并没有这个基因。所以，性别决定机制，与两条“同源染色体”上的“等位基因”表现出“显性/隐性”的机制，是两种不同的机制。薛定谔这里举的这个“显然”的例子，其实并不恰当。关于“显性/隐性”的介绍，详见后文。——译者注

色体要么整个来自祖父，要么整个来自祖母。也就是说，单条染色体被完整地传递了下去。但是，事实并非（总是）如此。在新生儿中，祖父母的遗传特性被混合的概率比前面说得还要大。例如，在减数分裂之前，父亲体内的任何两个“同源”染色体彼此之间都会紧密接触。这个过程中，它们可能就会发生部分交换，如图 6 所示。这就是染色体的“交换”。由于交换，一条染色体上的两个性状会在孙辈中分离，其中一个来自祖父，另一个来自祖母。染色体交换的情况既不罕见，也不频繁。它为我们提供了宝贵的信息，用以确定性状在染色体上的位点。展开全面讨论之前，我们还需要借助一些概念（比如杂合性、显性等）。我到下一章才会对这些概念做介绍。而且，全面的讨论也会超出这本小书的篇幅，所以请让我直接指出这里的要点。

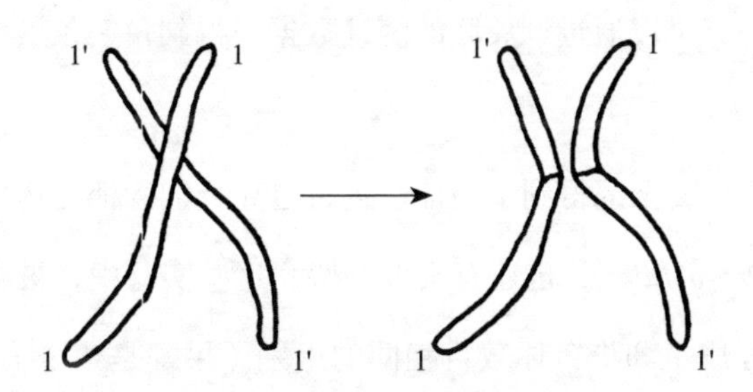

图 6　染色体交换。左图：相互接触的两条同源染色体。右图：同源染色体交换并分离之后。

如果没有染色体交换，由同一条染色体控制的两个性状将会永远在一起遗传。后代不可能只获得其中一个，而不获得另一个。但是，如果两个性状来自不同的染色体，情况则不同。如果这两个性状来自同一个祖先的一对同源染色体，那么就一定会被分离，永远不会在一起遗传。其他情况下，则会有 50∶50 的概率被分离。

染色体交换打破了这些规律。也正因此，通过仔细统计后代中性状的比例，就能得到染色体交换发生的概率。长期的育种实验正适合干这件事。通过统计分析，我们觉得以下假说比较可信：位于同一条染色体中的两个性状，彼此之间靠得越近，它们之间的“关联”就越不容易被染色体交换破坏。这是因为，发生交换的位点处在这两个性状之间的概率更小。与此相对，位于染色体两端的性状，几乎在每次交换的时候都会被分离。（同样的规律也适用于同一个祖先的同源染色体上性状的重组。）这样一来，我们就可以通过“关联的统计数据”得到每一条染色体中的“性状图谱”。

这些预测全部得到了验证。进行过充分的验证的物种主要有果蝇（*Drosophila*），也还有其他一些。这些实验中，被测性状实际上被分成了和染色体数目相同的组别（果蝇是 4 个），组与组之间没有关联。每一个组别都可以描绘出一条线性的性状谱，它定量地描绘了组内任意两个性状之间的关联度，从而准确标出性状的实际位置。性状沿直线排列，正如棒状的染色体所示意的那样。

当然，这里所展示的遗传规律的图景，仍然非常空洞、缺乏细节，乃至有些简陋。因为我们还没有讨论，究竟什么是性状。生物的特性基本上是一个整体，把它们分割成单独的性状似乎既不恰当，也不可行。所以，我们实际想表达的是，每个案例中，两位祖先在某个特定方面不同（比如，一个是蓝眼睛，另一个是棕眼睛），而后代则要么像这个，要么像那个。我们在染色体中所定位的，正是产生这种区别的位点。（术语叫作“基因座”。如果我们指的是理论假设中构成基因座的物质结构，那就是“基因”。）在我看来，最基本的概念并不是性状本身，而是性状之间的差别。请不要介意这句话在语法上和逻辑上的违和之处。在下一章讨论突变的时候，我们就会看到，性状之间的差别实际上是离散的。而我也希望，这些目前看来枯燥的概念，在下一章会呈现出更丰富的细节。

基因的最大体积

我们刚刚引出了“基因”这个术语。我们用它来指代理论假设中特定遗传特性的物质载体。现在我们必须强调和主题紧密相关的两点。第一点是，这种载体的体积——或曰可被允许的最大体积——有多大？换言之，我们对位点的分辨率能够到多高？第二点则是基因的持久性，这可以从遗传性质的持续性推断出来。

有两种方法，各自完全独立地估计出了基因的体积。其中一种基于遗传学证据（育种实验），另一种则基于细胞学证据（显微镜的直接观察）。第一种方法的原理很简单。例如，在果蝇实验中，照之前描述的那样，先在染色体中定位出足够多（尺寸较大的）不同性状。然后，我们只需要测出染色体的长度，除以性状的数量，再乘以染色体的截面积，就能得到所需的尺寸估计。当然，只有那些偶尔仍会被染色体交换所分离的性状才会被算作不同的性状，这样就能保证它们在微观上或分子层面上不会是同样的结构。不过，我们显然只能估计出基因体积的上限，因为随着研究的进展，通过遗传学分析分离出来的性状数量一直在上升。[①]

另一种估计方法，虽然依靠显微镜观测，却远不如前一种那么简单明了。果蝇的某些细胞（即唾液腺细胞）因为某些原因格外膨大，它们的染色体也是如此。在这些染色体中，你可以分辨出密集的横向深色条纹图案。C.D. 达林顿[②]数出了这些条纹的数量（他的结果是 2000）。这个数字虽说比通过育种实验定位出的基因数量多了不少，但数量级上仍然一致。达林顿倾向于认为这些条纹代表了实际的基因（或者说基因之间的间隔）。把正常

---

① 在这个估算方法中，性状的数量处在分母上。新发现的性状数目不断上升的话，估计出的尺寸就会不断变小。所以说根据当时已知的性状数量得出的估计是“上限”，即性状可能的最大尺寸。——译者注

② 西里尔·迪安·达林顿（Cyril Dean Darlington），英国生物学家、遗传学家。他发现了染色体交叉互换的现象和它在遗传中的作用。——译者注

细胞中染色体的长度除以这个数字（2000），达林顿计算出一个基因的体积大约相当于边长 300 埃的立方体。考虑到这种估计方法的粗糙程度，我们可以认为，他得出的体积和第一种方法的差不多。

这个数字太小了

稍后，我将会全面讨论这些事情背后的统计物理。或者应该说，是在活细胞中运用统计物理时，这些事情所带来的影响。不过，现在请允许我强调一下，在固体或液体里，300 埃只不过是 100 到 150 个原子之间的间距。因此，基本可以肯定，一个基因中的原子数量不会超过几百万个。[①]（对于$\sqrt{n}$规则来说）这个数字太小了。根据统计物理学（也就是物理学）的原理，这将无法获得有序、有规律的行为。哪怕所有的原子功能都相同（就像在气

---

① 受限于当时的实验技术，无论是薛定谔通过第一种方法的估计，还是达林顿的估计，都几乎是盲人摸象。事实上，基因大小的范围非常大。现在，我们已经完整测序了人类的基因组，以及许多其他生物的基因组，因此可以很方便地从数据库中找到每个基因的大小。拿人类基因组为例，根据 2016 年的一项统计报道，人类可编码蛋白质的基因中，最小的基因是第 21 号染色体上的 KRTAP6–2，只有 189 个碱基对。而最大的基因则是第 16 号染色体上的 RBFOX1，有超过 240 万个碱基对！人类可编码蛋白质的基因，平均大小是 6.6 万个碱基对，中位数是 2.6 万个碱基对。（Allison Piovesan et al., *Database: The Journal of Biological Databases and Curation.*，2016: baw153.）每个碱基对中包含了几十个原子。因此，除了个别超长的基因，薛定谔说每个基因不超过几百万个原子，还算没差得太离谱。——译者注

体或者液滴中那样），这个数字都太小。然而基因几乎不可能是一滴均匀的液滴。基因也许是一个蛋白质大分子[①]，其中每个原子，每个自由基，每个杂环，都有自己的功能。要是用其他类似的原子、自由基或者环替代，这些功能或多或少都会变得不同。不管怎么说，这就是目前遗传学家领袖霍尔丹[②]和达林顿等人所持的观点。很快我们将会看到，遗传学实验离证实这一点已经很接近了。

遗传性状的持久性

现在，让我们来考虑第二个非常要紧的问题：遗传性状的持久度如何呢？我们应当据此认为，怎样的物质结构才能够携带这些性状呢？

其实不需要任何专门研究就能给出这个问题的答案。既然叫遗

① 我们现在也知道，基因并不是蛋白质，而是由核苷酸编码组成的。基因位于脱氧核糖核酸（DNA）上。DNA 靠着磷酸骨架形成分子长链。不过，薛定谔对于基因是生物大分子的判断仍是正确的，而且也启发了之后沃森、克里克、威尔金森、罗莎琳·富兰克林等人发现 DNA 的双螺旋结构。——译者注

② 约翰·布登·桑德森·霍尔丹（John Burdon Sanderson Haldane），英国遗传学家，群体遗传学的创始人之一。——译者注

传性状，这本身就意味着它几乎绝对持久。[①] 可别忘了，由父母传给子女的可不仅仅是某些单独的特征，例如鹰钩鼻、短手指，易得风湿、血友病、红绿色盲等。这些特征只是我们为了研究遗传规律的便利而人为选择出来的。但实际上，是“表型”的整体（四维）图案几乎无差别地在代际之间复制，囊括了一个人的外表和身体内的所有特质。在两个细胞结合形成受精卵的过程中，这些特质通过细胞核的遗传物质一次次传递，几个世纪都会不变（虽然数万年后还是会有变化）。这真是个奇迹。只有一件事情比这个奇迹还要伟大，而且也在另一个维度上与这个奇迹紧密相关。我的意思是，全人类都是由这种奇迹般的作用产生的。然而，人类竟还有能力对它产生足够的认识。我认为，人类很有可能在未来完全搞清楚第一个奇迹。但第二个则很可能超出了人类的认知范围。

---

① 我们现在知道，基因的稳定性远远没有薛定谔想象得那么高。除了他已经认识到的自然突变之外，基因还经常会在复制中出错或者受损。这种出错和受损的概率惊人得高。通常，每个细胞中的基因，每天都会产生 1000 到 100 万个分子层面的错误。而在人的一生中，可以说很多细胞都会因为这种错误，最终丧失正常的功能，轻则被人体免疫细胞清扫出去，重则发生癌变。对人来说，性状之所以在遗传给后代时表现得很稳定，还得益于以下几个原因。首先，DNA 本身有强大的纠错和修复机制，可以纠正大部分在复制中产生的错误。DNA 的双链结构使得如果一条链上的基因发生错误，还可以以另一条链为模板进行修复。而如果 DNA 两条链都发生严重错误，则很可能直接导致细胞凋亡，从而避免错误的 DNA 继续复制下去。而且，能够遗传给后代的基因只包含在人的生殖细胞中。因而，人体的大量体细胞，即使在复制中产生的各种基因错误，也并不会遗传给后代。而正如薛定谔已经意识到的，生殖细胞是“专款专用”的细胞，平时都在休眠状态，只有在孕育下一代的时候才会变得活跃。因此，它们并不会像体细胞那样长期频繁地复制。——译者注

第三章

突 变

在变幻无常的现象中徘徊的东西，用永恒的思想将其固定。

——歌德

“跳跃式”的突变——自然选择的基础

我们刚才举出的普遍事实，显然证明了基因结构的持久性。我们也许对这些事实太过熟悉了，因此毫不意外，也不觉得很有说服力。这一次，倒真如俗话所说，要由特例来证明规则。如果子代和亲代之间的相似性不存在反例，我们就不会发掘出那些揭示了遗传规律细节的精彩实验，大自然本身也就无法通过自然选择和适者生存创造出多种多样的生物——这本身也是蔚为壮观的实验之作。

请允许我从最后这一重要的主题出发，来展现相关事实。我想再次说明，我并不是一个生物学家，对此我深表歉意。

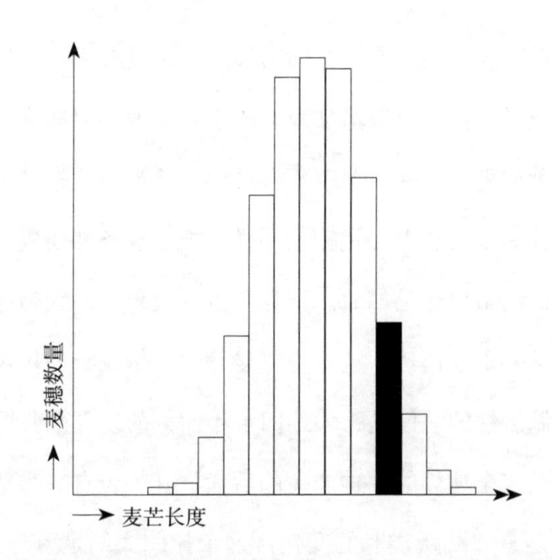

图 7 纯种大麦的麦芒长度统计图。深色部分的麦子会被选来播种。（图仅为示意，所用数据并非来自实际的实验结果。）

我们现在十分肯定，达尔文（Darwin）错误地认为自然选择基于微小、连续、偶然的变异。这种变异即使在最同质的群体中也会出现，但现已证明它们无法被遗传。这件事比较重要，值得简单解释一下。如果你挑选一株纯种大麦，逐个测量它麦芒的长度，并把结果画成图，你会得到如图 7 所示的钟形曲线。图中，纵轴是每种长度的麦芒所对应的麦穗数量，横轴是麦芒长度。也就是说，具有中等长度麦芒的麦穗肯定最多，而且麦芒也有一定的概率变得更长或者更短。现在，挑选一组麦芒长度明显高于平均值的麦穗（深色区域所示），但数量仍够种到田地里长成新植株。按照达尔文的说法，如果使用同样的方法对新植株做统计，就可以预料到新的钟形曲线会向右移动。也就是说，达尔文的理论认为，通过选择，可以增加麦芒的平均长度。但如果实验中使用的是纯种大麦，实际情况就不会这样。从被筛选过的植株中获得的新统计曲线，和上一代完全一样。把筛选条件换成明显比较短的麦芒，结果也还是如此。选择并没有效果——因为这种微小的连续变异并不会遗传。这些变异显然并不依赖于遗传物质，它们完全是偶然性的。但是，大约四十年前，荷兰人德弗里斯[①]发现，即使是完全纯粹的原种产下的后代，其中也有一小部分表现出微小但是是“跳跃式”的变化。这个比例大约是万分之二三。这里的“跳跃式”并不是说变化很显著，而是说变化存在不连续性。这是因为，在没发生变化的后代和发生变化的后代中间，没有过渡的中间形态。德弗里斯称这种变化为“突变”，它的重要性质是非连续性。这让物理学家联想到量子理论——在两个相邻的能级之间，没有夹在中间的能量。物理学家倾向于把德弗里斯的突变理论比作生物学中的量子理论。之后我们会发现，这不仅仅是一种比喻。突变实际上就是由基因分子中的量子跳跃产生的。但是德弗里斯首次发表他的发现就在 1902 年。那时，量子理论才诞生两年。难怪又过了一代人的时间，人们才发现这两者之间的紧密联系！

① 胡戈·玛丽·德弗里斯（Hugo Marie de Vries），荷兰生物学家。他和其他两人重新发现了孟德尔遗传规律，后文有提到。——译者注

这些突变是纯种，也就是说，它们可以完美地遗传

突变和原始的、未曾变化的性状一样，可以完美地遗传给下一代。举个例子，在上文提到的第一代大麦中，有几个麦穗的麦芒长度变化，可能会远远超出图 7 所展示的变化范围。例如，压根就没有麦芒。这可能就是德弗里斯所谓的突变。这些麦穗可以培植出纯种后代，而这些后代全都会没有麦芒。

因此，突变肯定是遗传宝库中的变化，它必须要求遗传物质发生某些改变。向我们揭示了遗传机制的重要育种试验，事实上几乎都需要对子代进行详细分析。这些子代，正是按照预先设计好的方案，将拥有突变（很多情况下是多个突变）的个体，与没有突变或者拥有其他突变的个体杂交后获得的。再者，因为突变也产下纯种个体，自然选择就对它有效。通过淘汰不适应者，使得适应者生存下去，就可以产生达尔文笔下的物种。如果我正确解读了生物学家的主流观点的话[①]，那在达尔文的理论中，你只需要把“突变”替换掉他笔下的“微小的随机变异”（就好比在量子理论中，“量子跃迁”替换了“连续的能量转移”）就好了。在

① 自然选择是否得益于明显朝向有用或有利方向积累的变异（如果不是完全取决于它们的话）呢？这个问题被充分讨论过。我个人对这个问题的看法并不重要；但是有必要表明，接下来的讨论中全部都忽略了“定向突变”。而且，在这里我无法引入“开关”基因和“多基因”交互的概念，无论它们实际上对于自然选择和进化的机制有多重要。

所有其他方面，达尔文的理论都几乎不需要修改。

基因的定位、隐性和显性

我们现在要来总结一下有关突变的另一些基本事实和概念了。我还是会以略显说教的方式总结，并不会逐个说明如何从实验证据中直接得到它们。

我们可以预料，能被明确观察到的突变，是由染色体上某个明确的区域的变化造成的。重要的是，我们明确地知道，只有一条染色体发生了变化，它的同源染色体上相对应位置的“基因座”并没有发生变化。图 8 用示意图展示了这一点。其中，叉号表示突变的基因座。当突变的个体（通常称为“突变体”）与未突变的个体杂交时，就可以证明确实只有一条染色体发生了突变。这是因为它们的后代恰好有一半表现为突变性状，有一半表现为正常性状。这正是突变体体内的一组染色体在减数分裂时相互分离的结果。图 9 用简明的示意图展示了这个过程。图 9 画出了一个“谱系”，其中连续三代的每一个个体，都只用我们关心的染色体组来表示。你会发现，如果突变体的两条染色体都受到了影响，那所有子代就会继承同样的（混合）遗传，这些子代的染色体组会和双亲均不相同。

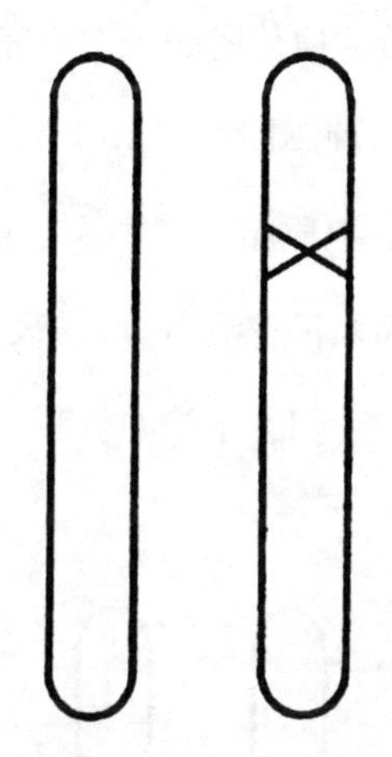

图 8 突变体杂合子。叉号代表突变基因。

但是想要用实验证实这一点，并非刚才说得那么容易。这是因为，突变通常具有潜伏期。这是第二个重要的事实，它把事情搞复杂了。该如何理解这一点呢？

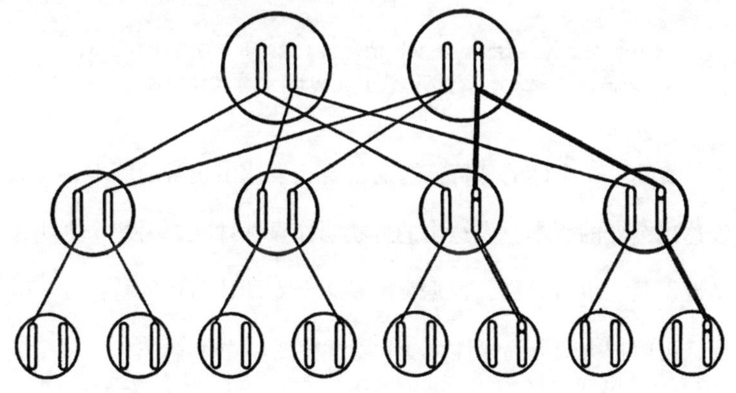

图 9 突变的遗传。直线表示在两代中传递的染色体，其中双线代表变异的染色体。第三代中，没有被直线连接的染色体来自第二代的配偶（图中省略了）。这些配偶不是这个谱系的亲属，不包含变异。

在突变体中，两份“遗传密码”不再完全相同；至少在突变位点上，它们代表了两种不同的“解读”或曰“版本”。也许有必要立即指出这一点：把原始版本视为“正统”、突变版本视为“异端”，这样虽然看起来很有吸引力，却是完全错误的做法。原则上，我们需要认为两者拥有平等的权利，因为正常性状以前也来自突变。

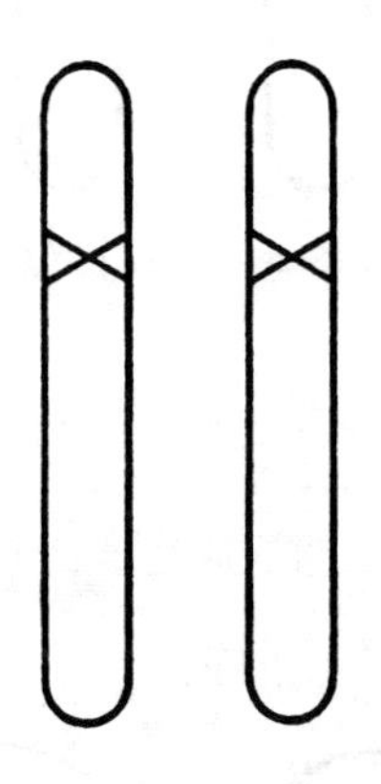

图 10　突变体纯合子。突变体杂合子（见图 8）通过自体受精，或者相互杂交，产生的后代中就有 1/4 是突变体纯合子。

实际上，个体的“特征”通常要么表达出正常的版本，要么表达出突变的版本。表达出的性状叫作显性性状，另一个则叫作隐性性状。也就是说，根据突变是否会立即让后代的特征发生改变，可以把突变分为显性突变和隐性突变。

隐性突变甚至比显性突变还要常见，而且也非常重要，尽管一开始它们根本不显现出来。要表现出隐性突变的影响，它们需要同时出现在两条染色体中（见图 10）。如果两个相同的隐性突变体恰巧杂交，或者同一个隐性突变体与自身杂交，就能够产生这样的个体。这种情况可能会在雌雄同花的植物上出现，而且可以自发发生。稍加思考就能知道，在这种情况下，大约 1/4 的后代将会是这种类型，表现出突变特征。

介绍几个术语

为了把事情说清楚，我觉得有必要解释几个术语。我称之为“遗传密码的版本”的东西——无论它是原始的版本，还是突变的版本——学名都叫作“等位基因”。如果像图 8 所示的那样，一对染色体上的两个版本不相同，那对于这个突变的基因座来说，这样的个体就叫作杂合子。如果像图 10 所示的个体那样，两个版本相同，没有发生突变，则称为纯合子。因此，一个隐性等位基因只会影响纯合子的表型，而显性等位基因则会让纯合子和杂合子都显示出相同的表型。

植物的色彩相对于无色（或白色）通常是显性。例如，只有在两条染色体上都携带“代表白色花的隐性等位基因”时，豌豆才会开白花。这时，它就是“白花的纯合子”。这样的豌豆会产下纯种后代，它的所有后代都开白花。但是一个“红色等位基因”（另一个是白色，即“杂合子”）会让豌豆开红花，两个红色等位基因（“纯合子”）也是如此。这两者的区别只会在它们的后代显现出来，这是因为只有纯合子的红花豌豆才会繁育出纯种后代。

因此，两个个体有可能在外观上完全类似，但内在的遗传物质却并不相同。这非常重要，故很有必要做明确的区分。遗传学家把这样的两个个体叫作“拥有相同的表型，而拥有不同的基因型”。因此，上述段落的内容可以用简洁但非常专业的话总结为：

隐性等位基因只会影响基因型为纯合子的表型。

我们偶尔会使用这些术语，不过也会在必要的时候提示读者它们的含义。

近亲繁殖的危害

只要是杂合子，隐性突变就不会受到自然选择的影响。突变通常都有害。但即使隐性突变有害，它们也不会被消灭，因为它们不会表现出来。因此，有害突变会在很多人身上积累，却不显示出直接的危害。但它们显然会传递给半数后代。这对人类、奶牛、家禽或者任何其他物种来说都有重大影响，因为我们很关心这些物种的身体状况。就拿我自己为例吧。在图 9 中，假设一个男性个体携带有一个杂合子的隐性有害突变，它并不会显现出来。假设我的妻子并没有这个突变。那么，我们的孩子（图 9 第二行）有一半将会携带这个突变，同样也是杂合子。如果他们也和没有突变的伴侣产下后代（图 9 中为避免混淆，没有画出来），我们的孙辈中，就有平均 1/4 的人会携带这个突变。

这样并不会有明显的危害，除非这些携带突变的人相互之间交媾。简单分析可得，如果他们相互交媾，他们的子女中，1/4 将会是纯合子，这就会显示出危害来。除了自体受精（只有在雌雄同花的植物上才可能发生）之外，危害最大的事情莫过于我自己的儿子和女儿结婚了。他们两人各自有 1/2 的概率携带潜藏的危害，而他们乱伦产下的孩子中，1/4 就会显示出这种危害。因此，乱伦产下孩子的危险系数就是 1∶16。

用同样的方法，可以分析出，我的两个（“纯种的”）孙辈（他们互为嫡亲的堂兄弟姐妹），他们之间的结合产下的后代，将会有 1∶64 的概率显示出危害。这似乎并不算非常大的概率，而这种情况事实上也往往得到容忍。但是别忘了，我们只分析了家族谱系上，一对夫妻（“我和我妻子”）身上的某一个可能的隐性危害。实际上，这两个孙辈携带的有害基因很有可能不止一个。如果你知道你自己携带一个有害基因，请记住，你的嫡亲堂兄弟姐妹中，8 个人中就有 1 个也会携带它！植物和动物实验似乎表明，除了相对稀少的严重有害基因外，似乎还有众多微小的突变，它们发生的概率组合起来，使得近亲繁殖的后代整体上变得更为脆弱。如今，我们不再像拉栖戴孟人在泰格特斯山所做的那样，倾向于用严酷的方法消除这些危害。[①] 正因如此，我们就必须特别留心这类情形发生在人类身上，因为自然选择筛选出最合适的个体的能力已经被大大削弱了，甚至出现相反的情况。在远古时代，战争可能有助于选择出最适合生存的部落。但现代战争中，来自各个国家的无数健康青年都惨遭屠杀。这种逆向选择效应，远远超过了古代战争在自然选择中有可能起到的正面作用。

简单谈一谈规律的普遍性和历史

在杂合子的情况下，隐性基因完全被显性基因所掩盖，不会产生可观察到的影响。这个特性非常神奇。但这个规律也有反例，也应该提一下。例如，白色金鱼草的纯合子和同样为纯合子的深红色金鱼草杂交，所有直系后代的颜色都表现出中间状态的粉色，而并非预期中的深红色。更重要的例子是，两个等位基因可以一起对血型产生影响。[②] 不过我们现在还不能展开讨论这

---

① 拉栖戴孟人即斯巴达人。古希腊时期，斯巴达人为了培养能征善战的公民，会检查每个新出生的婴儿，并将注定不会“合格”（即体弱多病，以及身体或精神上有残疾）的婴儿丢进泰格特斯山的深渊之中。——译者注

② 人类的 ABO 血型由同一个基因座上的 3 个等位基因决定，这叫作“复等位”基因。其中两个基因为显性，记为 IA 和 IB，一个为隐性，记为 i。纯隐性 ii 形成 O 型血，IAIB 形成 AB 型血，IAIA， IAi 形成 A 型血，IBIB， IBi 形成 B 型血。而植物中，决定花色的基因往往更多，数个复等位基因，甚至数个基因座上的基因协同作用，才能决定最终的花色。这样呈现出的性状，就比一对“显性 / 隐性”性状更为复杂了。——译者注

一点。如果隐性基因最终被证明有程度之分，而且取决于我们对“表型”的检测有多灵敏，我一点也不会感到惊讶。

讲到这里，也许应该稍微谈一谈遗传学的早期历史。遗传学理论的基石，例如遗传规律，亲代之间不同性状的连续世代 以及尤其重要的隐性—显性之间的区别，都归功于如今扬名天下的奥古斯蒂尼安·阿博特·格雷戈尔·孟德尔（Augustinian Abbot Gregor Mendel，1822—1884）。孟德尔对突变和染色体一无所知。在布隆（现在的布尔诺）修道院的花园里，他用豌豆做实验。他培育了不同的豌豆变种，把它们相互杂交，并观察它们第 1、第 2、第 3……第 n 代后代。可以说，他找到了自然界中唾手可得的突变体，并用它们做实验。他的结果最早在 1866 年发表在《布隆自然研究学会学报》（Proceedings of the Naturforschender Verein in Br ü nn）上。似乎没有人对孟德尔的爱好特别感兴趣，当然也没有人能想到，到了 20 世纪，孟德尔的发现成了明灯，指引了这个时代最吸引人的新兴科学分支。他的论文被埋没了，直到 1900 年，才由三个人同时并且独立地重新发现。他们分别是柏林的科伦斯（Correns）、阿姆斯特丹的德弗里斯（de Vries）以及维也纳的切尔马克（Tschermak）。

突变作为偶然事件的必要性

目前为止，我们基本上把注意力集中在了有害突变上。这种情况可能确实更为普遍。但是有必要明确指出，我们确实也会遇到有益的突变。如果一个自发突变在物种进化上迈出了一小步，我们就会觉得，它是以伤害自身为代价，“尝试”了一点变化。因为要是突变有害，就会被自行清除。这引出一个重要的观点。突变必须是偶然事件（它们的确如此），才可以成为自然选择的合适对象。如果突变太频繁，使得个体中有很高的概率同时产生多个突变（例如十几个突变），那有害突变的数量基本上就会远超过有益突变的数量。这样，物种非但不会通过自然选择得到进化，反而会得不到进化，甚至消亡。因此，基因高度的持久性导致相对保守的变化，这一点极其关键。我们可以用工厂中的大型生产线做类比。为了开发更好的生产流程，创新即使尚未被确证，也需要加以尝试。但是为了检验创新究竟是提高了还是降低了产出，很有必要保证每次只引入一个创新，而让生产线上的所有其他部分都保持不变。①

① 正如之前提到的，基因的突变率远比薛定谔想象得高。基因的突变也完全不会像他举的这个类比一样，非常听话地每次只变化一个，并等待大自然好好地选择。薛定谔这里举的工厂的例子，几乎完全体现了科学家控制变量做实验的思维方式。大自然并不会这么做。——译者注

X射线引发的突变

现在我们要来回顾一系列最精巧的遗传学研究了。事实证明，这些研究和我们的分析最为相关。

子代中发生突变的比例叫作突变率。如果用 X 光或者 γ 射线照射亲代，则子代的突变率可以比自然产生的突变率高出好几倍。除了数量更多以外，这种方式产生的突变和那些自发产生的突变没有任何区别。这给人一种感觉，即每一个“自然”突变也能够通过 X 光诱导得到。在果蝇的众多培养系中，反反复复地自发产生了许多特殊的突变。正如第二章所说的，我们已经在染色体上找到了这些突变的位置，甚至还发现了所谓的“多重等位基因”。这是说，在染色体相同的位置，除了没发生突变的正常遗传密码外，还有两个甚至更多不同“版本”的“密码”。这意味着，在那个“基因座”上，可能的选项不是两个，而是三个甚至更多。其中任何两个，如果同时出现在两条同源染色体相对应的基因座上，就都会具有“显性—隐性”的关系。

X 光诱发的突变实验表明，每一个独特的“转换”，不管是从正常的个体转变为某个突变体，或者反过来，都拥有自己的“X 光系数”。这说明，使用单位计量的 X 光照射亲代之后，在子代出生之前，每一种独特突变发生的概率就已经确定下来了。

第一定律：突变是单次事件

不仅如此，决定诱发突变率的规律极其简单，也极其富有启发性。这里，我依据 N.W. 季莫费耶夫（N. W. Timofé ëff）在《生物学综述》（Biological Reviews）1934 年第 6 卷上的报告。很大程度上，这篇综述总结了作者自己的杰出工作。第一条定律是：

（1）突变率的增长严格正比于辐射剂量，因此可以将其称之为（正如我所做的）系数的增长。

我们对简单的正比规律如此熟悉，以至于我们低估了这条简单规律背后的深远意义。为了理解这一点，你可以想想，商品的总价格，并不总是正比于它的数量。平日里，如果你本来想买 6 个橙子，但最后决定拿 12 个，店家可能会非常开心，给你低于二分之一 6 个橙子的价格。要是物资短缺，情况也可能反过来。但在突变这件事上，我们发现，前一半剂量的辐射丝毫不会影响后一半剂量的辐射。如果前一半剂量的辐射会使得千分之一的子代发生突变，它既不会使得之后的辐射更容易诱发突变，也不会让突变更难发生。因为如果不是这样的话，后一半的辐射剂量不会也正好产生千分之一的突变体。因此，突变并没有累积效应。连续的小剂量辐射并不会彼此增强效果。突变一定是单个染色体在辐射过程中经历的某种单次事件。这会是什么呢？

第二定律：事件的局域化

这可以通过第二定律回答。即

（2）从波长较长的 X 射线到波长较短的 γ 射线 1，在这段很宽的波长范围内，只要你在伦琴单位制下使用相同的辐射剂量，无论你如何改变射线的质量（即波长），突变系数都会保持不变。伦琴单位制是这么计算的：你需要选择合适的标准物质，把它放在和亲代接受辐射时相同的位置，照射相同时间，并使用单位体积中辐射产生的总离子数量来计算辐射剂量。

人们选择空气作为标准物质，不仅仅是因为方便，也是因为生物组织含有的元素与空气具有相同的原子质量。② 只需要把空气的电离率，乘以生物组织和空气之间的密度比，就可以得到电离及其伴随过程（激发）在生物组织中发生的概率下限。③ 因此，引发突变的单次事件，其实就是在生殖细胞中的某种“临界”体积中发生的一次电离（或类似的过程）。这也被更严谨的研究证实

---

① X 射线的波长通常为 0.001~10 纳米。γ 射线的波长则短于 0.01 纳米。X 射线和 γ 射线的波长有一段重合的地方，这只是习惯叫法不同而已。——译者注

② 空气最主要的成分是氧气和氮气，平均原子量为 14.5。人体含量最多的几种元素依次是氧（65%）、碳（18.5%）、氢（9.5%）、氮（3.2%）、钙（1.5%）和磷（1.0%），平均原子量约为 14.1。——译者注

③ 给出下限是因为，其他过程也可能足以引发突变，但它们并不会被电离测量到。

了。这个临界体积是多大呢？根据测量到的突变率，可以通过以下方法来估计这个临界体积的大小。临界体积，就是必须被一次电离“击中”以产生突变的“目标”体积。对处在辐射区中的任意一个配子，如果说每立方厘米 5 万个离子的辐射剂量能够使其中 1/1 000 的配子以特定的方式突变，那么我们就能得出结论，临界体积只有 1 立方厘米的 1/50 000 的 1/1 000，也即五千万分之一立方厘米。这些数字只是用来举例子的，并不是真实的数字。真实的估计值，可参考 M. 德尔布吕克[①]给出的结果。这个结果发表在德尔布吕克、N.W. 季莫费耶夫和 K.G. 季莫（K. G. Zimmer）的一篇论文中[②]。之后两章将要详细阐述的内容，其主要理论来源也是这篇论文。据德尔布吕克估计，临界体积大约只是边长为 10 个平均原子间距长的立方体。因此，其中仅包含 103，即一千个原子。对这个结果最简单的解读是，如果电离（或激发）发生在染色体特定位点周围不超过“10 个原子”范围内，就很有可能产

① 马克斯·路德维希·亨宁·德尔布吕克（Max Ludwig Henning Delbrück），德裔美籍生物物理学家。他和意大利裔美籍微生物学家萨尔瓦多·爱德华·卢里亚（Salvador Edward Luria）共同获得了 1969 年诺贝尔生理学或医学奖。卢里亚和德尔布吕克在大肠杆菌上的实验出色地证明了随机突变和达尔文的进化理论 [S. E. Luria and M. Delbrück（1943）]。他们的实验表明，某些大肠杆菌对 T_1 噬菌体的抵抗力在它们接触到 T_1 噬菌体之前就已经存在了。因此，这种突变是随机产生的，自然选择只是保留下了适应环境的特征。——译者注

② Nachr. a. d. Biologie d.Ges. d. Wiss. Göttingen，I（1935），189。

生突变。[①] 接下来，我们会更详细地讨论这一点。

我不禁想要提到季莫费耶夫的报告中包含的一点实际暗示，即使这和我们现在的探讨无关。现代生活使我们在很多情况下都会受到 X 射线辐射。我们十分清楚辐射产生的直接危害，例如，烧伤、X 射线引发的癌症，以及不孕不育。因此，可以用铅屏障、含铅防辐射服等来保护相关人员，尤其是长期操作 X 射线的医生和护士。问题是，即使我们可以成功防范辐射对人体的短期危害，辐射似乎仍存在间接的危害。它们有可能在生殖细胞中产生微小的有害突变，这种突变就是我们在讨论近亲繁殖的不良后果时设想的那种突变。[②] 虽然有些过于简化，但夸张地说，表兄妹结婚产生的危害，很可能因为他们的祖母曾经长期作为 X 光科护

---

① 实际上，后续研究表明，X 射线诱导基因突变的过程比薛定谔所想象的要复杂。生命分子并不处在“真空”之中，它们被大量水分子包围。X 射线并非直接击中染色体并引发临近的基因片段电离或激发。X 射线主要被水吸收，并产生活泼的羟基自由基（OH·）、水合电子等。它们引发一系列后续化学反应，使 DNA 分子中的碱基电离，或者打断碱基对之间的氢键，从而破坏 DNA 的结构 [Joseph Weiss，*Nature*，153，748—750（1944）；G.Scholes et al.，*Journal of Molecular Biology*，2，379—391（1960）]。有些情况下，被电离的碱基上的电荷可以沿着 DNA 链转移到 20 纳米（上百个原子间距）之外 [Megan E. Núñez et al.，*Chemistry & Biology*，6，85—97（1999）]。当然，物理学家也许可以争辩说，这些化学过程的细节并不影响整体的物理图景，即 X 射线带来的能量破坏了 DNA 分子的局部稳定性。不过，“不超过‘10 个原子’”的估计并不准确。——译者注

② 这就是医生会尽可能避免给备孕期的妇女和孕妇做 X 光透视检查的原因。不过对于其他健康成年人，正常医疗检查所接受的辐射剂量还是安全的。——译者注

士而变得更严重。这里并不是说哪些个体需要为此担忧。但是对人类社会来说，需要留心那些可能会通过不良的隐性突变，悄无声息地逐步侵蚀人类种族的事情。

第四章

量子力学的证据

你高高腾起的精神火焰默许了一个比喻，一个意象。

——歌德

经典物理学无法解释的持久性

在极其精密的 X 光仪器的帮助下（物理学家知道，这种仪器在三十年前曾揭示出晶体中原子晶格的细致结构），生物学家和物理学家共同努力，最近又缩小了这个微观结构的尺寸上限，已使它远小于第二章所估算的大小。这就是“基因的大小”，它能够决定个体在宏观尺度上的明确特征。这样一来，一个严肃的问题就摆在我们面前。基因的结构似乎只包含了相对较少数量的原子（数量级为 1000，还有可能更少），但这并不影响它表现出非常有规律的行为——基因拥有几乎是奇迹般的耐久性。从统计物理学的角度，我们如何才能协调两者之间的矛盾呢？

让我把真正惊人的情形再说得更清楚一些。哈布斯堡王室的一些成员，他们的下嘴唇有奇怪的畸形（“哈布斯堡嘴唇”）[1]。在

---

① 也叫“哈布斯堡下巴”，因为这种畸形不局限在下嘴唇，而是整个下颌都格外向外突出。——译者注

王室家族的支持下，维也纳皇家科学院仔细研究了这种遗传，并且在发表的结果中附上了完整的家族肖像。研究证明，相对于正常形状的下嘴唇，哈布斯堡家族的这种特征就是孟德尔笔下的“等位基因”。让我们把注意力集中在两个家族成员的肖像上。他们一个生活在 16 世纪，另一个是他在 19 世纪的子嗣。我们完全可以认为，造成异常外表特征的物质基因结构已经被世代相传了好几个世纪。在这几代人中，细胞分裂的次数也不算多，而这个基因每一次都得到了忠实的复制。而且，涉及相关基因的原子数目，很有可能与在 X 光实验中得出的数目数量级一致。整个过程中，这个基因都处在大约 98℉（37℃）的环境中。热运动产生的无规律倾向持续了数个世纪，但这个基因却能保持不受干扰。我们该如何解释这一点呢？

对 19 世纪末的物理学家来说，如果他只打算使用当时已完全理解并掌握的自然规律的话，可能就无法回答这个问题。当然，在简单分析过这个问题的统计情形后，他也许可以得出结论：这种物质结构只能是分子（我们会看到，这是正确的结论）。那个年代，化学家已经广泛认识到分子的存在。而且在一定条件下，这种由一团原子组成的物质具有极高的稳定性。但是这些认识完全来自经验，分子的本质在那时并不为人所知。用以维持分子形状的那种牢固的原子间相互作用，对所有人来说都是个谜。基因由分子构成，这个答案被证明是正确的。但是，如果基因谜一样的生物学稳定性只能够追溯到同样是个谜的化学稳定性，那这样的结论也没什么实际价值。这两种稳定性，表现形式类似。但在原理本身没搞清楚之前，要证明它们也基于相同的原理，总是不太靠谱的。[①]

量子力学可以解释

这种情况下，就需要量子理论了。根据现在的理论，遗传机制不仅仅和量子理论紧密相关，而且可以说就建立在它之上。马克斯·普朗克[②]于1900年提出了量子理论。而现代遗传学可以追溯到德弗里斯、科伦斯和切尔马克（1900）对孟德尔论文的重新发现，以及德弗里斯关于突变的论文（1901—1903）。因此，这两个伟大理论几乎同时诞生。两者都需要发展一段时间，待到成熟之后，两者之间的联系才得以实现，这也就不奇怪了。量子理论这边花了超过1/4世纪的时间。直到1926到1927年，W. 海

---

① 薛定谔的这段话写得非常佶屈聱牙。但他实际想说的意思就是，基因的稳定性可以追溯到分子的稳定性，而我们需要为分子的稳定性找到确切的物理学解释。经典物理学解释不了，只有量子力学能够解释。——译者注

② 马克斯·普朗克（Max Planck），德国物理学家，量子力学奠基人之一。他首次提出了“能量量子化”的概念，并因此获1918年诺贝尔物理学奖。——译者注

特勒和F.伦敦才提出量子化学键的基本原理。[①] 海特勒—伦敦的理论涉及量子理论发展出的最新、最精妙的概念（叫作“量子力学”或者“波动力学”）。不用微积分是几乎阐述不了这些理论的。或者说，假如不用微积分，也至少还需要再花这本书这么长的篇幅来阐述。不过，好在这些理论已经得到了完善，并澄清了我们的思路。所以我们现在应该可以用更直接的方式指出“量子跃迁”和“突变”之间的联系，并指出最引人注目的地方。这就是下文要做的事情。

量子理论——分立的能级——量子跃迁

量子理论的重大突破在于发现了自然界中的离散现象。在此之前，任何不连续的事情看上去都很奇怪。

量子现象的第一个例子和能量有关。宏观物体会连续地改变它的能量。比如，由于有空气阻力，摇晃的钟摆会逐渐慢下来。

---

① 在此之前（也就是薛定谔眼中的经典版化学键理论），美国化学家吉尔伯特·路易斯（Gilbert Lewis）提出共价键是共用电子对原理。德国物理学家瓦尔特·海特勒（Walter Heitler）和弗里茨·伦敦（Fritz London）首次用量子力学的方法解释了氢分子（H_2）的成键。他们展示了如何用两个氢原子的原子轨道波函数，通过线性组合构成氢分子的分子轨道波函数。受海特勒和伦敦的启发，美国化学家莱纳斯·鲍林（Linus Pauling）进一步提出了共振和杂化轨道的概念。在中学阶段的化学课程中，我们主要学习的是路易斯的共用电子对理论，以及少许杂化轨道的概念。而海特勒—伦敦理论则需要在大学课程中才会系统讲述。——译者注

奇怪的是，我们不得不承认，系统的行为在原子尺度上却有所不同。我们必须假定，微小的系统在本质上就只能拥有某些分立的能量。它们叫作能级。至于这点背后的原理，我们暂时还没办法讨论。从一个状态变成另一个状态的转变是个相当神秘的过程，通常称为“量子跃迁”。

但是能量并非系统的唯一特征。再拿钟摆为例。但设想从天花板上悬挂下来一根细线，系上一个重球，这就成了一个可以进行各种运动的摆。它既可以沿着南北方向摆动，也可以沿着东西方向摆动，甚至可以画圆圈或者椭圆。如果我们用一根弯管轻轻朝钟摆吹气，就可以让它从一种运动状态连续变化到另一种运动状态。

对微观尺度的系统来说，我们熟悉的性质绝大多数都不能连续变化。它们是“量子化”的，就和能量一样。不过，请恕我不能展开细节了。

这会造成一个结果。几个原子核连同围绕它们运动的电子相互靠近时，就组成了一个“系统”。这个系统的本质决定了，它并不像我们想象的那样可以采取任意的构象，它只能够从大量独立的“态”中选择一种。[1] 我们通常把这些称为能级，因为能量与

---

① 这里，我采用的是比较流行的处理方式，它可以满足当下的需求。但是我担心，有人因此产生误解。实际的情况远比我说的复杂，因为系统还存在偶尔发生的不确定性。

这些态的特征紧密相关。但读者也必须明白，想要完整描述这些态，远远不能只靠能量。[①] 某个态就代表了所有微粒的某个确定状态，这么理解基本是正确的。

从系统的一个态变为另一个态，就是一个量子跃迁。如果变化后的状态拥有更高的能量（“高能级”），系统就需要从外界获得这份能量。外界提供的能量，至少要达到两个能级之间的能量差，才能使跃迁发生。如果变化后的状态能量更低，跃迁就能自发发生，并把多余的能量以辐射的形式释放出来。

分子

在一团确定的原子能组合出的所有分立状态中，可能存在一个能量最低的状态。这个最低能级不见得必然存在，但如果它存在，就意味着原子核相互之间靠得很近。这种状态下，原子就形成分子。这里我想强调的一点是，这个分子必须具有一定的稳定性；原子之间的相对位置不能变化，除非外界能够提供足够的能

① 要完整描述量子系统的状态（纯态），如果使用薛定谔发展的“波动力学”，可能需要用到多个“量子数”。量子数反映的是系统中量子化的守恒量，如能量、角动量、自旋等。把量子数和某些特定的数学函数结合，写成“波函数”，即可表示一个体系的量子态。不过，更简洁的方法是不写出波函数，而是用海森堡创立的“矩阵力学”，直接使用“矢量态”来表示。但如果考虑到量子态的叠加态，那么情况就更复杂了，需要使用“密度算符”来表示所有可能的量子态相互叠加的概率。——译者注

量，以满足把它们“提升”到更高能级所需要的能量差。[①]因此，能级差是一个具有良好定义的量，它的数值定量决定了分子的稳定性。可见，分子的稳定性，与量子理论的基本概念（即存在分立的能级）之间，有多紧密的联系。

我必须请读者接受，这些概念已经得到了化学事实的全面验证。这些概念可以成功解释化合价的基本事实，以及分子结构的许多细节，例如，分子的结合能、分子在不同温度下的稳定性等。这正是海特勒—伦敦的理论。我说过的，这里我没法详细解释这些理论。

温度可以影响分子的稳定性

为了愉悦身心，让我们来考察分子在不同温度下的稳定性。这是我们所讨论的生物学问题中最有趣的地方。我们假设分子一开始处在最低的能级上。那么，物理学家就会说，这个分子处在绝对零度。将它提升到下一个能量较高的态，需要提供明确的能量。提供能量最简单的方法就是“加热”分子。把这个分子放入

① 薛定谔这里说的其实只是分子的“电子态”。即使在稳定成键的分子中，原子相互之间仍在不停地转动和振动，但这些原子核的运动能量较低，并不会打破分子的结构。而且由于量子力学诡吊的“零点能”的作用，即使原子处在能量最低的状态，振动也不会停止。所以，原子之间的相对位置其实一直都在（小幅度地）变化。——译者注

温度更高的环境（“热浴”）中，就可以让其他系统（原子、分子）撞击它。因为热运动完全不规则，分子的温度能被“提升”多少，并没有明确的、即时的限制。相反，分子可以被提升到任意温度（只要不是绝对零度），只不过概率有大有小而已。当热浴的温度升高时，升温的概率当然也更大。描述这种概率的最佳方法是“期望时间”，即温度被提升所需等待的平均时长。

M. 波拉尼（M. Polanyi）和 E. 维格纳（E. Wigner）在一项研究中指出[①],“期望时间”很大程度上取决于两个能量之间的比值。这两个能量中，一个就是提升分子的温度所需要的能量（记为 W），另一个则代表了目标温度下热运动的强度（我们把它的绝对温度记为 T，而特征温度记为 kT）。[②] 如果提升分子所需的能量远高于环境的平均热能，即 $W:kT$ 的比值较大，那么升温的概率就比较小，期望时间就比较长。这挺有道理。令人惊讶的地方在于，$W:kT$ 比值的微小差异，就能显著影响期望时间。举个例子（来自德尔布吕克）：如果 W 是 kT 的 30 倍，那期望时间只有 0.1 秒；但当 W 是 kT 的 50 倍时，期望时间就会延长到 16 个月；而当 W 是 kT 的 60 倍时，期望时间则会是 3 万年！

---

① Zeitschrift fur Physik，Chemie（A），Haber-Band（1928），p. 439。

② k 是一个常数，叫作玻尔兹曼常数（译注：$k \approx 1.38 \times 10^{-23}$J/K）。$3/2kT$ 是由原子组成的气体在温度 T 下的平均动能。

数学插曲

对感兴趣的读者来说，也不妨用数学语言来表述一下，为何期望时间对温度的变化会表现得这么敏感。这也是为了对涉及的物理再多做些类似的说明。把期望时间记为 t，通过以下指数函数：

$$t=\tau e^{W/kT}$$

来影响 t。函数中，τ 是一个很小的常数，量级在 10^{-14}~10^{-13}。出现这个特殊的指数函数并非偶然。这个函数在热统计理论中反复出现，可以说是基石一般的存在。[①] 这个指标，可以衡量系统中的某个地方，偶然获得 W 这么大的能量有多困难。当系统需要相当多倍数的“平均能量” kT 时，这就变得难于上青天了。

事实上，$W=30kT$（见上文引用的例子）已经非常罕见了。但这并未导致很长的期望时间（在例子中只有 0.1 秒）。当然，这是因为系数 τ 很小。这个系数具有物理意义，它和系统中无时无刻不在发生的振动周期处在相同的量级。大体上，你可以认为这个系数代表了通过微小的、反复发生的“每一次振动”来积累目标能量 W 的概率。也就是说，能量累积的速度差不多是每秒 10^{13}~10^{14}。

① 这个函数就是著名的玻尔兹曼因子 $\exp(-E/kT)$。这个指数形式有着深刻的统计起源。——译者注

第一项修正

在用上述理论来解释分子稳定性时，我们已经心照不宣地假设，我们称之为“提升”的量子跃迁，即使不能完全打乱原子团，也至少能使这一团原子的结构发生本质改变。化学家称之为同分异构体。也就是说，这些分子由相同的原子组成，但它们之间的原子排列方式不同。（在生物学的应用中，这可以对应于相同“基因座”上的不同“等位基因”，而量子跃迁则对应于突变）。

为了使这样的解释可行，我们需要做两个修正。我有意做了简化，以便读者理解。照我之前的说法，一团原子只有处在能量最低的态，才能形成所谓的分子，而最邻近的高能量态已经是“别的什么东西”了。事实并非如此。最低的能级之上，实际上还密密麻麻地存在着许多能级。它们只是对应了我们在上一节提到过的原子之间的微小振动。[①] 这些振动也是“量子化”的，但是振动能级之间的能量间隔相对比较小。因此，在相当低的温度下，“热浴”中微粒的撞击可能就已经能激发这些振动。如果分子的结构比较延展，你就可以把这些振动看成沿着分子传播的高频声波，它们不会对分子造成任何危害。

---

① 这些能级就是分子的转动能级和振动能级，这些能级之间的间隔通常要远远小于同分异构变化所需要的能量差。——译者注

因此，第一项修正无伤大雅：我们需要在能级体系中忽略“振动精细结构”。“下一个高能级”这个术语必须要被理解为代表下一个能使分子的结构发生改变的能级。

第二项修正

第二项修正解释起来则更困难，因为它涉及能级之间的一些重要却复杂的特性。即使满足了所需要的能量，两个能级之间的转化也还是可能受到阻碍；甚至，从较高能级到较低能级的跃迁也可能受到阻碍。

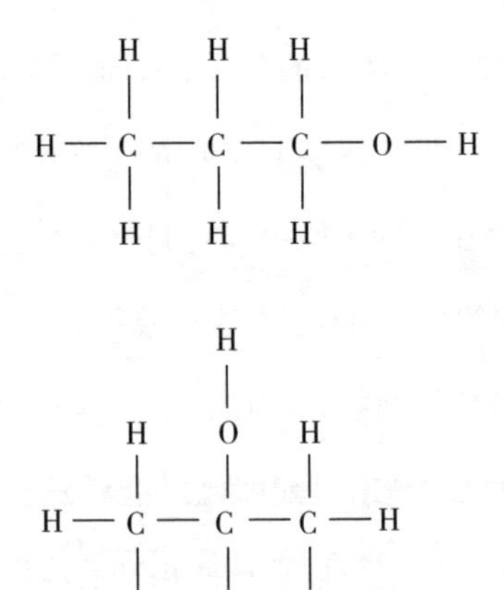

图 11 丙醇的两种同分异构体

让我们从经验事实开始。化学家很清楚，几个同样的原子，可以组合成分子的方式并不止一种。这些分子叫作同分异构体（isomeric，意为“拥有相同的部分”，来自希腊语词根 ἴσος= 相同，μέρος= 部分）。同分异构体并不是特例，它们很常见。分子越大，可能的同分异构体就越多。图 11 列举了其中一个最简单的例子，是两种丙醇。它们都有 3 个碳（C）原子、8 个氢（H）原子、1 个氧（O）原子。[①] 氧原子可以插入在任意碳原子和氢原子之间，但实际上，只有图中所示的两种情况是两种不同的物质。它们所有的物理和化学性质完全不同。它们的能量也不同，因此代表了“不同的能级”。

神奇的事情是，两个分子都非常稳定，都表现得好似自己就是“最低能级”。两个分子之间，并不会自发发生转换。

这是因为这两种不同的结构并非彼此相邻。一种结构若想转变成另一种，只能先转变为两者之间的中间形态。而这种中间态的能量，比任何一个稳定分子的能量都要高。说得夸张点，就是必须要把氧原子从一个位置中拽出来，再强行插进另一个位置中。要做到这一点，似乎没有什么办法能够绕过能量明显更高的形态。这里所涉及的状态，有时候可以用像图 12 这样的示意图

---

① 在演讲现场，我展示了分子的模型。C、H 和 O 原子分别用黑色、白色和红色的木球表示。这里我没有放上模型的图片，因为它们并不见得比图 11 中所示的更接近分子实际的样子。

来表示。图中，1 和 2 代表两个同分异构体，3 代表它们之间的“壁垒”，而两个箭头则代表了“提升”，即将态 1 变为态 2 和将态 2 变为态 1 各自需要的能量。[①]

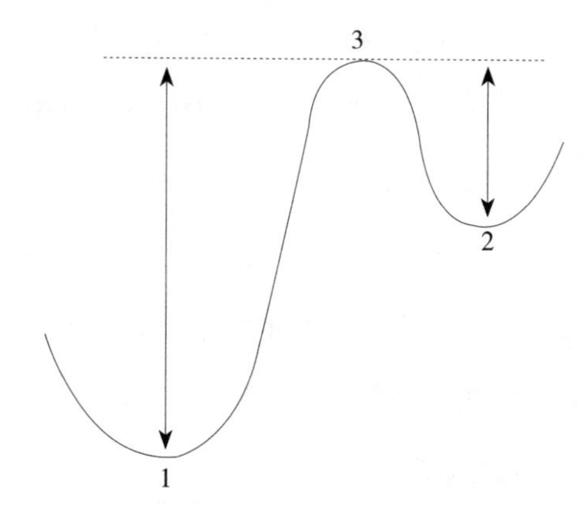

图 12　处在同分异构体能级 1 和 2 之间的壁垒 3。
箭头代表了跃迁需要的最低能量。

现在，我们就可以给出“第二项修正”了。这个修正是说，在生物应用中，我们只需要关注“同分异构体”之间的转变。这就是在本章中解释“稳定性”时需要考虑的情况。我们所谓的“量子跃迁”，是两种相对稳定的分子结构之间的转变。这种转变所需要的能量（记为）并不是两个能级之间的实际能量差，而是从初始能级到壁垒之间的能量差（见图 12 中的箭头）。

---

① 现在，我们更习惯把薛定谔称为“壁垒”的态叫作化学反应中的“过渡态”，而“壁垒”或“能垒”则指代图 12 中箭头代表的能量，也可以叫作反应的“活化能”。——译者注

如果初态和终态之间不存在壁垒，这种跃迁就完全不值得关注。不仅仅在生物应用中如此，它们实际上对分子的化学稳定性毫无帮助。为什么呢？因为它们不会产生持久的效应，它们完全不会被观察到。既然不存在任何阻碍，这种能量较高的终态一旦出现，它们几乎立刻就退回初态了。[①]

---

① 薛定谔的这段话也许适合他所讨论的主题。但这里必须要说，在普遍意义上，他所表达的观点极其片面，且具有误导性。“无壁垒反应（barrierless reaction）”是一类极其重要的化学反应。它们往往由一些非常活跃的离子、自由基和原子引发，常见于复杂的燃烧反应、大气化学反应和星际化学反应中。这些反应常常为量子化学理论提供重要的实验材料——而量子化学理论背后也就是量子物理。无壁垒反应在日常生活中也有应用。医疗中常用的“准分子激光”就依靠无壁垒反应来产生。当然，薛定谔料想不到这种情况，因为最早的激光器也是20世纪60年代的发明。——译者注

第五章

讨论并检验德尔布吕克的模型

就像光既展现了自身，也产生了影子。真理既代表了自身，也代表了错误。

——斯宾诺莎，《伦理学》第二部分，命题43

遗传物质的基本形态

我们的问题是，这些由相对少量的原子形成的结构，是否有能力长时间抵御热运动带来的干扰？汇总上文的事实，即可给出一个十分简单的回答。我们假定基因就是一个巨大的分子，它只能发生离散的变化。变化后，原子重新排列成一个同分异构体分子。[①] 这种重新排列可能只是发生在基因上很小的一片区域，而且可能有很多种不同的重排方式。与一个原子的平均热能相比，分隔正常构型和任何可能的同分异构形态的能量壁垒必须足够高，才能使得变化成为罕见事件。我们可以把这些罕见事件看成自发突变。

在本章的后半部分，我们会来检验这种（主要由德国物理学家 M. 德尔布吕克提出的）基因和突变的通用理论，我们会把它

---

① 其中也完全有可能涉及基因与环境之间的物质交换，但为了方便，我仍会称之为同分异构跃迁。

们与遗传学事实进行详细比较。在此之前，我们可以恰如其分地谈一谈这个理论的基础和普遍特征。

这个理论的独特性

我们真的必须一直深挖到底，才能在量子力学这里找到这个生物学问题的理论解释吗？我敢说，基因是分子的设想如今已成为共识。无论是否熟悉量子理论，生物学家都很少会否认这一点。在第四章中，我们冒昧地借在量子理论出现之前的物理学家之口，说只有这个理论才能合理解释所观察到的基因持久性。接下来，我们就开始讨论同分异构体和能量壁垒，并考察 $W:kT$ 的比值在决定同分异构变化概率中的关键角色。用纯粹经验的方式也可以推导所有这些结论，并不需要依靠量子理论。既然我无法在这本小书中把它完全讲清楚，而且读者也可能已经厌倦了，那我为什么还要如此坚持量子力学的观点？

量子力学是首个能从第一性原理出发来解释自然界中所有类型的原子团的理论。海特勒—伦敦束缚就是这个理论中独特且突出的观点，但最初并不是为了用它来解释化学键。这个理论特立独行；它的诞生极其有趣又令人费解，并以全然不同的考虑而令我们不得不接受它。不过，事实证明它与观察到的化学事实严格吻合。而且正如我所说，我们对这个独特的观点已有足够深入的认识，故可以相当肯定地说，在量子理论未来的发展中，“这样的事情不会再发生了”。

因此，我们也许可以有信心断言，遗传物质一定是分子，没有其他可选择的解释了。从物理学的角度看，没有其他选择能够解释遗传物质的稳定性。哪怕德尔布吕克的理论错了，我们也只能放弃努力。这就是我想说的第一个观点。

一些传统上的误解

但有人会问：除了分子，真的就没有其他由原子组成的结构可以长时间保持稳定了吗？例如，一枚金币埋在坟墓中几千年，当初印在币面上的肖像不也保留下来了吗？没错，金币是由无数原子组成的。但是在这个例子里，我们显然不会用大量原子的统计规律来解释金币的持久性。完美生长的晶体也是如此。这些晶体生长于岩石之中，它们在漫长的地质年代中也从未改变过。

这就引出我想要说明的第二个观点。分子、固体或晶体在本质上并没什么不同。现代科学认为它们其实是一回事儿。不幸的是，学校的教学中还存在一些过时多年的传统观点。这些观点对我们理解实际问题造成了困扰。

我们从学校中学到的相关知识，确实让我们觉得分子更接近液态或者气态，而不是固态。相反，我们学会了仔细辨别物理变化和化学变化。分子在物理变化的过程中不发生改变，譬如熔化和蒸发（例如，不论是固态、液态还是气态，酒精都由相同的 C_2H_6O 分子组成）。而分子在化学变化中则也发生改变。例如酒精燃烧

$$C_2H_6O + 3O_2 == 2CO_2 + 3H_2O$$

其中一个酒精分子和三个氧分子重新组合，形成两个二氧化碳分子和三个水分子。

我们还学到，晶体由三维的重复晶格组成。有些晶体中可以识别出单个分子的结构，例如酒精和大部分有机分子的晶体。其他晶体则不行。例如岩盐（食盐氯化钠）中就没法明确地区隔出单个氯化钠分子，因为每一个钠离子周围都对称地围绕着 6 个氯离子，反过来也一样。因此，无论选取哪一对钠离子和氯离子作为分子都没问题。[①]

最后，我们学到，固体可以是晶体，也可以不是晶体。固体如果是非晶体，就叫作无定形态。

物质的不同“状态”

我这里不会矫枉过正地说上述说法和区分大错特错。因为它

① 前者就是分子晶体，后者就是离子晶体。此外，还有两种类型的晶体，分别是原子晶体和金属晶体。原文这里使用的是“钠原子”和“氯原子”，为了准确，译文改为“离子”。——译者注

们有时候在实际应用中还有用。但完全要从另一个角度来从本质上确定物质结构的界限。以下两行“等式”才是最本质的区别：

分子 = 固体 = 晶体

气体 = 液体 = 无定形

我必须简单解释一下这种说法。所谓的无定形固体，要么不是真正的无定形，要么就不是真正的固体。X 光发现，“无定形”炭黑纤维中的基本结构是石墨晶体。因此，炭黑是固体，而且是晶体。如果我们找不到晶体结构，就必须把它们视为“黏度”（内摩擦）非常高的液体。这种物质的特征是：它们没有固定的熔点，熔化时也没有潜热。加热时，这种物质会逐渐变软，最终变为液体，中间没有不连续性。因此，它们不是真正的固体。（我记得，第一次世界大战末期[①]，我们在维也纳搞到一种像沥青一样的东西，用来替代咖啡。这东西非常硬。你不得不用凿子或者小斧头把它光滑的、贝壳状的缺口打碎。但是，如果你不小心把它留在杯子里，过了几天，它就会变得像液体一样，紧紧填满杯子底部。）

众所周知，气态和液态拥有连续性。如果你“绕过”所谓的

① 薛定谔上过一战战场。——译者注

临界点，就可以在不出现任何不连续性的情况下，液化任何气体。不过我这里不能继续展开细讲了。

真正重要的区别

这样，我们就已经扫除了物态理论中的一切障碍，只剩下最主要的观点了。我们希望分子可以被认为是固体，也就是晶体。

理由如下：少量原子构成分子，而无数原子则构成真正的固体——晶体。无论在分子中还是在晶体中，把原子相互连接起来的力本质上都是一种。分子的结构和晶体一样稳固。回忆一下，这种稳固性正是基因持久性的基础！

物质结构中真正重要的区别在于，束缚原子的力，是否是那种具有“稳固性”的海特勒—伦敦力。固体和分子中都是这种力。在单原子气体（例如汞蒸气）中，不是。在由分子组成的气体中，只有每个分子内部的原子，互相之间才通过这种力结合。[①]

---

① 用读者更熟悉的话讲，这里指的就是“化学键”（海特勒—伦敦力）和“分子间作用力”（范德华力）的区别。上文提到的“分子晶体”，就包含了这两种作用：分子内部的原子由牢固的化学键结合，而分子与分子之间则通过较弱的“分子间作用力”构成晶体。分子晶体是货真价实的晶体（因为它有固定的熔点），但它明明是通过和气体中类似的“分子间作用力”相互连接的。也正因为如此，分子晶体通常都不是很牢固，具有较低的熔沸点。所以，薛定谔这边自己把自己规定的概念又弄混淆了。其实读者无须在意什么物态的区别，只需要抓住“化学键”和“分子间作用力”的强弱不在一个数量级上就可以了。——译者注

非周期性固体

一个小分子可以称为“固体的胚芽”。从这种微小的固体胚芽出发，似乎有两种方式可以构造越来越大的聚合体。一种方式相对单调，是在三个方向上不断重复同样的结构。晶体的生长采用的就是这种方式。一旦建立周期性，这个聚合体就不再有明确的尺寸界限。另一种是聚合体不断生长的方式没有单调的重复。这种方式形成了越来越复杂的有机分子。[①] 其中，每个、每团原子都有自身的作用，和其他部分不完全相同。这就和周期性晶体中处处相同的情况不一样。我们可以恰如其分地将其称之为“非周期性晶体”或者“非周期性固体”，并提出我们的假说：我们认为，基因——或者说整条染色体纤维[②]——就是一个非周期性固体。

微小的遗传密码中蕴含的多种内容

经常有人问，为什么受精卵的细胞核这区区一小块物质，就可以携带如此详尽的密码本，记录下生物未来生长发育的所有信息呢？看起来，唯一可行的物质结构就是把原子高度有序地聚集

① 这里指的其实就是高分子聚合物。——译者注

② 毫无疑问，染色体纤维非常柔韧，但细铜丝也非常柔韧。

起来，这样才能拥有足够的抗性来保持自身稳定，也才能够形成多种可能的（“同分异构”）排列。这种结构足够在微小的空间内容纳下一个复杂的“决定性”系统。而且这种结构中，不需要太多原子，就足以形成几乎无限多可能的排列方式了。举个例子，想象一下由点和短线组成的莫尔斯电码。通过这两种符号有秩序的组合，不超过 4 个符号就可以表示 30 种不同的含义。那么，如果你允许自己在点和短线之外使用第三种符号，并且使用不超过 10 个符号的组合，你就可以生成 88 572 种不同的“字母”；使用 5 种符号和至多 25 个符号长的组合，就可生成 372 529 029 846 191 405 种不同的“字母”。

有人会反对这个类比的合理性。因为莫尔斯电码可能由不完全相同的字符组成（例如 ·-- 和 ··-），故而拿它们类比同分异构体并不合适。为了弥补这个缺陷，在第三个例子中，我们只挑选出以下组合：它们严格由 25 个符号组成，每一种类型的符号都只出现 5 次（如 5 个点、5 条短线等）。初步估算可得，组合的数量是 62 330 000 000 000，右边的零都只代表数量级，我没有仔细计算后面的数字究竟是多少。

当然，实际情况下，一团原子的“每一种”排列方式并不见得都能代表一种可能的分子。而且，遗传密码并不能随意选取，因为遗传代码本身必须能够指导生长发育。但另一方面，例子中选取的数字（25）仍旧很小，我们也只设想了直线这种最简单的排列方式。我只是想说明，在基因是分子的理论模型下，体积微小的遗传密码就能够精确对应非常复杂且独特的发育蓝图了，还能携带实现这些蓝图的方法。这件事情不再难以置信。[①]

和事实做比较：稳定性，突变的跳跃性

我们现在总算可以进入最后一步，把理论模型和生物学事实做比较了。显然，第一个问题就是这个理论是否真的能够解释所观察到的基因的高度稳定性。在常规化学反应允许的范围内，能垒是否足够高出平均热能 kT 很多倍？这个问题很简单，无须查表就能够给出肯定回答。随便什么分子，只要化学家能够在某个温度下把它分离出来，它在那个温度下就至少应该拥有几分钟的寿命。(这是保守估计，通常分子的寿命会更长)。因此，化学家所遇到的能垒，数量级上就正好能解释生物学家在实践中遇到的稳定性。这是因为，第四章中我们已指出，能垒（和平均热能）的比值变化一倍，就足以使分子的寿命从几分之一秒变化到数万年。

① 现在我们知道，生物遗传信息的物质载体 DNA 和 RNA 都是长链状的聚合物，在它们的聚合单元中，分别包含有 4 种碱基，这些碱基的排列顺序就构成了生物的遗传信息。而人类的 46 条染色体中，总共包含了约 64.7 亿对碱基，约 2 万条可编码蛋白质的基因，还有众多非编码序列作用不明。在本书成书的时代，人们尚未发现 DNA 的结构。因此，他这里能做出符合事实的推断，还是非常有洞察力的。——译者注

但请让我也给些数字，以便之后参考。第四章的例子中，我们给出的 W/kT 的比值是 0、50、60，对应的寿命是 0.1 秒、16 个月、3 万年。在室温下，这对应于 0.9、1.5、1.8 电子伏特的能垒。让我解释一下“电子伏”，这个单位对物理学家来说很方便，因为它很直观。比如，第三个数字 1.8 表示，一个电子经过大约 2 伏特的电压加速，就可以获得足够的能量，并通过碰撞来激发跃迁。（比较一下，常用的便携式手电筒所用的电池有 3 伏特）。[①]

振动能量的随机波动会引起分子在局部区域的同分异构变化。上文的分析使我们相信，这种情况足够稀少，故可以被解读为自发突变。突变中最惊人的事实就是不存在中间状态，而是“跳跃式”的变化。德弗里斯因此率先注意到了突变现象，而我们则用量子力学的基本原理解释了这件事。

自然选择过的基因的稳定性

既然随便哪种电离辐射都可以提升自然突变的概率，你可能会认为，土壤、空气和宇宙线中的放射性是造成自然突变的原

① 1 电子伏就是 1 个电子经过 1 伏特的电压加速所获得的能量。这个“电压”看起来不大，但在微观世界中，1 电子伏其实是个很大的能量。它对应于 96.5 kJ/mol，与化学键处在一个量级。因此，几个电子伏的能量就足以打破一根化学键。对比一下：即使能量较低的“软 X 射线”（波长大于 1 纳米），每个光子携带的能量也超过 100 电子伏。所以 X 射线可以轻易地破坏 DNA。——译者注

因。但与 X 射线实验的定量比较显示，“自然界的辐射”太微弱了，只能解释自然突变率中的一小部分。

假如我们把罕见的自然突变归因于热运动产生的随机波动，那我们就不必惊讶，大自然竟然能恰到好处地选取能垒值，使得突变成为罕见事件。这是因为，我们已在之前的讲座中得出结论：频繁的突变不利于进化。如果个体在突变中获得了不太稳定的基因结构，其“终极形态”——即快速突变的后代——也很难长期生存下去。因为物种会通过自然选择获得稳定的基因，淘汰不稳定的基因。

突变体有时候具有较低的稳定性

但是，对突变体来说，我们当然没有理由认为它们都具有很高的稳定性。我们在育种实验中发现的这些突变体，正是因为还没被“试验”过，我们才把它们挑选出来，并研究它们的后代——或者说，如果它们已经被自然界试验过了，那也有可能因为过高的突变率，成为野外育种中的“残次品”。不管怎么说，有些突变体事实上确实比正常的“野生”基因表现出更高的突变率。对此，我们并不会感到奇怪。

温度对不稳定基因的影响小于稳定基因

这样，我们就能来检验突变公式：

$$t=\tau e^{W/kT}$$

（回忆一下，t 是突变的期望时间，W 是对应的能垒）。我们要问：t 将如何随温度变化？从上面的公式中，我们很容易找到一个不错的近似。在温度 T+10 与 T 下，t 的比值近似为

$$\frac{t_{T+10}}{t_T}=e^{-10W/kT^2}$$

现在，指数上是负数，比值自然就小于 1。升高温度后，期望时间变小了，突变率提升了。这个推论可以被检验，而且已经由生活在不同温度下的果蝇验证了。实验结果初看出乎意料。野生基因的**低**突变率显然升高了，但是在某些已经突变过的基因中，本已相对较**高**的突变率并未继续升高，或者升高的幅度要小得多。参照上面的两个公式，可以发现，这正是我们预期的结果。根据第一个公式，要使得 t 较大（稳定的基因），就需要较大的 W/kT。但在第二个公式中，较大的 W/kT 值会导致较小的比值。也就是说，在温度提升时，稳定基因的突变率会显著增长。（实际上，这个比例似乎处于 1/5 到 1/2 之间。它们的倒数约为 2.5。这个数值，与我们在常规化学反应中使用的范德霍夫系数相吻合。[①]）

---

① 即温度每升高 10℃，反应速率加快 2~4 倍。——译者注

X射线如何产生突变

现在，让我们来看看 X 射线引发的突变率。我们已经从育种实验中得到以下推断。首先，根据突变率对辐射剂量的正比关系，我们推断，某种单次事件产生了突变。其次，突变率取决于累积的电离密度，而不是辐射波长。根据这个定量结果，我们推断，这种单次事件必定是电离或类似的过程。它必须发生在很小的空间中，才能够引发一个特定突变。这个空间，大约是以 10 个原子间距为边长的立方体。根据我们的理论，这种爆炸式的过程（要么是电离，要么是跃迁），显然提供了克服壁垒所需的能量。我把它称为爆炸式的，是因为我们很清楚，一次电离中消耗的能量是 30 电子伏特。这是很大的能量。（顺便提一句，X 射线自身并未消耗这些能量，它们是由 X 射线产生的次级电子消耗的）。在电离发生的位置，这些能量注定要被转变为剧烈的热运动，并以“热波”——原子剧烈振动形成的波的形式向周围传播。即使一个没有偏见的物理学家会估计出稍短一些的作用距离，我们也不难相信，在大约 10 个原子间距远的平均“作用距离”上，这种热波应当仍能够提供跨越能垒所需要的 1 到 2 电子伏特。大多数情况下，这种爆炸产生的效应不会是普通的同分异构化，而是对染色体的损伤。在巧妙设计的杂交实验中，如果移除未被损伤的部分（位于同组的另一条染色体上），并替换为已知是病态的基因，这种损伤就会致命。所有这些都完全可以预测，而且也正是实验所观察到的。

诱发突变的效率不会受到自发突变的影响

这个理论即使不能直接预言其他一些特性，也会使它们更容易理解。比如，平均来看，一个不稳定的突变体，并不会比稳定的基因显示出更高的 X 射线突变率。既然爆炸会释放出 30 电子伏的能量，不管所需要跨越的能垒是 1 电子伏还是 1.3 电子伏，你肯定都不会觉得大一点小一点有什么区别。

可逆突变

某些情况下，一个变化可以双向发生。比如，某种“野生”基因可以变为某个特定突变体，然后再从这个突变体回到野生基因。有时候，这两个变化的自然突变率几乎相同；有时候又非常不同。这个问题初看很令人困扰，因为两种情况需要克服的能垒似乎相同。但能垒显然不必相同，因为能垒要从初始状态所在的能级算起。野生基因和突变基因并不见得拥有相同的初态能量。（见前文图 12，其中“1”可以代表野生等位基因，“2”可以代表突变基因。更短的箭头就代表了 2 更低的稳定性。)

我认为，德尔布吕克的“模型”总的来说非常好地经受住了检验。因此，我们有理由在之后的探讨中使用这个模型。

第六章

秩序、无序和熵

身体不能决定心灵，使它思想，心灵也不能决定身体，使它动或静，更不能决定它使它成为任何别的东西，如果有任何别的东西的话。

——斯宾诺莎，《伦理学》，第三部分，命题2

模型中可以得出卓越的普遍性结论

让我援引第五章“微小的遗传密码中蕴含的多种内容”一节最后一句话。我在那里试图解释，基因的分子理论至少可以使我们相信，微小的遗传密码，应当与高度复杂且独特的生命发育蓝图一一对应，也应当包含某种实现蓝图的方式。很好，那么这是如何实现的呢？我们如何将这种“可信的猜测”变为真知灼见呢？

德尔布吕克的原子模型是彻头彻尾的通用模型，似乎并未暗示遗传物质该如何起作用。我当然不指望近期就能靠物理学来详细解释这个问题。但我相信，在生理学和遗传学的指导下，生物化学能够在此方面持续取得进展。

上文这种对基因结构的普遍描述，显然不能揭示遗传学机制如何起作用的细节。但不可思议的是，这恰恰能得出一个普遍结论，而我承认，这个结论正是我写这本书的唯一动力。

德尔布吕克有关遗传物质的普适理论表明，生命现象除了包含如今已经建立的“物理定律”外，很可能还包含我们至今尚未了解的“其他物理定律”。不过，这些定律一旦被发现，就会和现今的定律一样，成为这门学科的有机组成部分。

基于秩序的秩序

这个说法非常微妙，很可能出现各种误解。我希望能在本书余下的部分把它说清楚。我们可以从下述分析中得到一个粗浅的认识。这个认识虽然粗糙，但不见得全是错的。

第1章已经解释过了，我们所熟知的物理定律是统计规律。[①]与其紧密相关的是自然界将事物变得无序的倾向。

但是，遗传物质体积虽小，却拥有高度稳定性。为了与此相适应，我们必须通过“创造分子”的方式来避免无序倾向。实际上，量子理论的魔法棒保证了一个异常大的分子必然拥有高度分化的秩序。概率规律并没有因为这种“发明”而失效，但是结果却发生了变化。物理学家很熟悉，经典物理理论的结论在量子力学中得到了修改。这方面的例子很多，低温下的例子尤甚。这些例子中，生命似乎就是令人惊奇的一个。生命似乎是物质有序而

① 对“物理定律”作完全一般化的描述可能很有挑战。我们会在第七章讨论这一点。

且有规律的活动，它并非只依赖于从有序到无序的趋势。相反，它还部分依赖于得到维持的现有秩序。

我希望对物理学家——也只会对物理学家——澄清我的观点。我会说：活着的生物似乎是这样一种宏观体系，某种程度上，它会趋向于一种和热力学相反的纯粹机械性行为。这种机械性，就是指任何系统在温度趋近于绝对零度、分子的无序运动消失时呈现出的机械性。

如果你不是物理学家，可能会认为通常的物理定律标榜着不可侵犯的精确性。因而你很难相信，物理定律竟然必须建立在使得物质逐渐变得无序的统计规律上。在第一章中，我已经给出了这方面的例子。其中涉及的普遍规律就是著名的热力学第二定律（熵增定律），以及与它同样著名的统计学基础。在本书第三章第七节里，我会试图勾勒出一个熵增原理的基本框架，用来描述活生物的宏观行为，并且暂时无须考虑我们对染色体、遗传等事物已有的认识。

生命会避免退化到平衡态

生命的特征是什么？什么情况下，物质可以被称为是活的？当物质开始“做点什么”，比如移动、与环境交换物质等的时候，它才具有生命。而且可以预见，和无生命的物质相比，它要在长得多的时间内保持这样的“运动”。如果孤立一个无生命的系统，或将其置于均匀的环境中，由于存在各种各样的阻力，系统中的所有运动都会很快趋于静止。电势差和化学势差被中和，倾向于形成化学键的物质就化合，温度由于热传导而趋于均一。之后，整个系统就死亡了，衰退成一团惰性物质。这就抵达了一种永恒的状态，其中不会发生任何可观察到的活动。物理学家把这种状态叫作热力学平衡态，或曰“最大熵”。

实际情况中，这种状态很快就能抵达。但在理论上，这通常还不是彻彻底底的平衡，还不是真正的最大熵。但之后抵达最终平衡的过程非常缓慢，可能需要花几个小时，几年甚至几个世纪……举个抵达平衡的速度还算快的例子：有一杯装满清水的杯子，还有一杯装满糖水的杯子。如果把两个杯子一起放在一个恒温密闭的箱子里，乍一看，似乎什么都不会发生。这就给人一种已经达到全面平衡了的感觉。但是大约一天之后，你会发现，纯水因为更高的蒸汽压而缓慢蒸发，然后凝结到糖水之中。结果，装糖水的杯子溢出来了。只有当纯水完全蒸发完之后，糖才真正平均地分布到了所有可以溶解的液态水中。

可千万别把这类极其缓慢地趋向平衡的过程误认为是生命，把它们忘掉吧。我只是为了避免不准确才提到这些过程。

生命摄入“负熵”

生命的神秘之处恰恰体现在它能够避免迅速衰退成惰性的“平衡态”。这太神秘了，以至于有史以来，人们就认为存在某种特殊的非物理或超自然力量（“活力”“生机”等），是它们在操控着生命。即使现在，仍有人觉得如此。

生命如何避免衰退呢？明面上的答案是：吃、喝、呼吸以及（对于植物来说）同化。术语叫作**新陈代谢**。这个希腊语单词（μεταβάλλειν）的意思是改变或者交换。那交换什么呢？毫无疑问，这个词背后最早的含义就是交换物质（例如，德语中，新陈代谢叫作 Stoffwechsel）。但是，认为事情的本质就是物质交换，这很荒唐。氮原子、氧原子、硫原子等，任何原子和其同类都一样；交换它们能够得到什么呢？过去有一段时间，我们以为交换的是能量，然后就没有继续探究这个问题了。在某些发达国家的餐厅里（我记不清是美国还是德国，还是两个国家皆有之），你在菜单上除了能看到菜品的价格，还能看到菜品所含的能量。毫无疑问，这也荒唐透顶。因为对成年生物个体所包含的能量，和它所包含的物质一样稳定。既然不管来自哪里的卡路里都一样，那单纯交换卡路里，似乎就并不能改变什么。[①]

① 薛定谔可能没发过福，也没减过肥。当然，他这里实际的意思是，只从摄入能量的角度考虑的话，并不能解释人为什么要专门摄取食物，而不是饿了就用火烤一烤，摄取环境中的热或者其他形式的能量。——译者注

那么，食物中究竟包含了什么珍贵的东西，能够不让我们死亡呢？答案很简单。总而言之，大自然中每发生一件事情——随便你把它叫作过程、事件或者正在发生的事情——都意味着那个地方的熵在增加。因此，生物个体的熵在持续增加。或者你也可以称之为产生正熵。这么一来，生物就在趋向于最大熵，这种危险的境况就是死亡。想要活着，远离最大熵，生物就必须不断从环境中摄取负熵——我们很快就会看到这件事情的重要性。生物依靠负熵为生。或者换个不那么矛盾的说法，新陈代谢的本质是让生物成功地释放掉生命活动中不可避免产生的熵。

熵是什么？

熵是什么？首先需要强调，熵不是一个模糊的概念，而是一个可以测量的物理量，就和木棒的长度、身体中任何一点的温度、某种晶体的熔化热以及任何一种物质的比热一样。任何物质在绝对零度（大约是 -273℃）下的熵都为 0。[①] 当你缓慢地、可逆地一点点改变物质的状态，就可以计算出增长的熵。（这种情况下，哪怕物质改变了它的物理或者化学性质，或者分离成了两份或者多份物理或化学性质不同的部分，都可以进行计算。）计

① 这是“热力学第三定律”的一种表述方式。——译者注

算的方法是，在物质状态的转变过程中，把你每次提供的微量的热，除以当时物质所处的绝对温度，然后把所有这些微小的贡献都累加起来。[①]举个例子，当你熔化固体时，它的熵增等于熔化热除以熔点的温度。可以看出，熵的单位是卡路里每摄氏度[②]（cal/℃，就像卡路里是热量的单位，厘米是长度单位一样）。

熵的统计含义

我也必须介绍一下熵的专业定义，这纯粹是为了揭开常常笼罩在熵上的神秘面纱。对我们来说，更重要的是有序和无序的统计学概念。玻尔兹曼和吉布斯的统计物理学研究揭示了这种关系。它也是一个非常精确的定量关系，表达为：

$$熵=k\log D$$

其中，k 是玻尔兹曼常数（$=1.380\ 65\times10^{-23}$ J/K），而 D 是一个衡量考察对象中原子无序度的定量值。基本不可能用简单的、不含术语的话来确切解释 D 的含义。但 D 所代表的无序度，一部分来自热运动，另一部分来自体系中不同种类的原子和分子，它们随机混合在一起，而不是泾渭分明。拿上文列举的糖和水分子

---

① 即对于可逆过程，$S=\int dQ/T$——译者注

② 1 cal/℃ = 4.2 J/K。需要注意，健身和营养学中常出现的“卡”或“大卡”实际是指 1000 卡路里，即 4.2 kJ。——译者注

为例，这个例子可以很好地解释玻尔兹曼公式。糖逐渐“扩散”到所有可触及的水中，这就增加了无序度 D，因而（因为 D 的对数随着 D 的增长而增长）也就增加了熵。而显然，给体系提供的任何热量都会增加热运动的剧烈程度，也即增加了 D，从而增加了熵。这一点在晶体熔化过程中最为明显，因为熔化破坏了晶体中原子或分子的整齐、永久性的排列，而把晶格变为了持续变化着的随机分布。

对孤立系统，或者处在均一环境中的系统（在目前的讨论中，我们尽可能把环境纳入考察体系）来说，它自身的熵不断增加，基本上很快就会趋向于最大熵这种惰性状态。这样，我们可以把这条物理学的基本定律理解为，事物自然而然有趋向于混乱状态的倾向，除非我们有意去消除混乱。（这就好比，图书馆中的书和写字台上的纸堆、手稿会逐渐变得杂乱不堪。而无规则的热运动就可以类比为，我们把这些书籍纸张搬来搬去，却不会留心把它们放回原有的位置。）

生物组织通过从环境中汲取“秩序”而得以维持

活生物能够延缓衰退到热力学平衡（死亡）状态的脚步。我们如何用统计理论的语言来描述生物的这种了不起的能力呢？我们此前说过：“生命摄取负熵”。这其实是说，生命在为自身汲取一股负熵流，用以补偿生命活动产生的熵增，从而将自身维持在稳定的、相对较低熵的状态。

如果 D 是无序的度量，那它的倒数 $1/D$ 就可以作为秩序的直接度量。因为 $1/D$ 的对数就是 D 的对数加上负号。于是，我们可以把玻尔兹曼公式写成：

$$\text{负熵} = k/n(1/D)$$

于是，“负熵”这个奇怪的表述就可以被更好的“熵”代替。只要带着负号，熵本身就是有序度的度量。因此，想要维持自身稳定，并保持相当高程度的有序度（= 相当低的熵），生物采取的策略就是从它所处的环境中持续不断地吸取有序性。和一开始相比，这个结论现在看上去不那么自相矛盾了。它现在反而显得很平常了。没错，我们很清楚高等动物从食物中充分摄取了有序度，因为食物由较为复杂的有机物组成，是极其有序的状态。动物在享用美食之后，将它变为次品形态。但这还不是最低级的形态，因为植物仍然可以利用它们。（当然，阳光是植物最强力的“负熵”供应。）

对第六章的备注

我对**负熵**的论述遭到了物理学同行的质疑和反对。首先我想说明，如果我迎合他们的意见，我就会把讨论的主题改为**自由**

能。[①] 在这个语境下，自由能是更为人熟知的概念。但是自由能是非常专业的术语，而且从语言学上似乎太接近于能量，这使得普通读者可能意识不到两者之间的区别。读者可能会把自由认为只是某种修辞，有它没它没什么关系。但实际上，自由能这个概念相当复杂，它和玻尔兹曼的有序—无序原则之间的关系，比熵和“带一个负号的熵”之间的关系更难捉摸。况且，“带一个负号的熵”也不是我发明的。它恰恰就出现在玻尔兹曼最早的论证中。

但是 F. 西蒙（F. Simon）已经中肯地向我指出，我这种简单的热力学考量没法解释，为什么我们必须吃“由较为复杂的有机物组成的、极其有序的”食物，而不是吃木炭或者钻石矿浆。他说得很对。不过，我必须向外行读者解释一下，在物理学家的认识里，尚未燃烧的木炭或者钻石，连同燃烧它所需的氧气，也是

---

① 历史上，对“生命以‘负熵’为生”的批评，其中一点就在于薛定谔没有使用“自由能”的概念；而在学术上，“自由能”确实是更为准确的概念。“自由能”中不仅包含了熵，也包含了能量。在物理和化学变化中，能量和熵都在转变。一味追求“负熵”并不见得对生物有利。过分有序的结构甚至可能会阻碍生物的正常功能。在有些生化过程中，牺牲一点熵增来换取能量上的效果也是必要的。举个极端的例子：原子排列十分整齐的晶体是典型的“低熵”态，但生命并不能变成晶体。“自由能”中“自由”的含义可以理解为一个体系能够“自由支配”，实际拿出来“做事”的能量。我们知道，热力学第一定律表明能量守恒。一个物体对另一个物体（或环境）做功，只不过是能量发生了转移。但是，转移的能量中只有一部分做了实事。另外的能量，一部分变成热被耗散掉了，增加了环境的熵，另一部分可能用于物体本身的体积变化。扣除这些耗散掉的能量（给系统增加的熵），物体能够实际拿出来对外做功的能量，就是“自由能”——即物体能够“自由”支配的能量。——译者注

非常有序的状态。让我们来证明这一点：如果你燃烧木炭，就会产生大量的热。系统通过将热量释放到环境中，来释放反应产生的大量的熵。最后，系统实际上变成了一个和燃烧前基本等熵的状态。

然而，我们并不能食用燃烧产生的二氧化碳。因此，西蒙对我的批评十分正确。食物中包含的能量成分确实很重要。因此，我开的那个餐厅菜单中列出能量的玩笑并不恰当。我们不仅需要能量来补充身体运动消耗的机械能，还需要补充我们持续不断向环境中释放的热。而我们向环境散热并不是偶然的，而是必然的。因为，正是通过这种方式，我们才能向环境中排出生命活动中持续不断产生的多余的熵。

这似乎表明，温血动物因为体温相对较高，就拥有更快排出熵的优势，从而可以承受更剧烈的生命活动。我不确定这个论断到底有多正确（因为对这句话负责的人是我，而不是西蒙）。有人可能会表示反对，因为从另一个角度看，许多温血动物都拥有毛皮或羽毛，它们的作用恰恰是防止热量过快流失。因此，尽管我相信体温和“生命的剧烈程度”两者之间存在关联，但这种关系更有可能直接来自范德霍夫定律（Van't Hoff's law）的效果。我们在第五章第十一节末尾页提到过，升高温度会加速生物体内的化学反应。（有些动物的体温会受到环境温度的影响。在它们身上的实验证明事实的确如此。）

第七章

生命基于物理定律吗？

如果一个人从不自相矛盾，那一定是因为他实际上什么也不说。

——米盖尔·德·乌纳穆诺（引自对话）

生命应当有新规律

简单来说[①]，我在最后一章中希望讲清楚的内容就是，从我们对生命物质结构的认识中，我们会发现，生命的工作方式无法被拆解为常规的物理规律。对此我们必须做好心理准备。这里并不是说有什么“新的力”在控制活生物体内单个原子的行为，而是说，生物的结构和我们在物理实验室中测试过的所有对象都不同。打一个生硬的比方：一个只熟悉热机的工程师，在研究了电机的结构之后，肯定会意识到自己并不了解电机的工作方式。他会发现，自己熟悉的铜是用来做热水壶的，但在电机里，它变成了长长的、一圈一圈的铜线；自己熟悉的铁是用来做杠杆、棒子和蒸汽气缸的，但在电机里，它被填充在铜线线圈里面。他可以

① 这是本书最后一章，薛定谔开始总结前面几章讨论的所有内容。读者会发现，接下来几小节的话很多都在前面几章反复出现。而如果读者在阅读前几章时，被薛定谔的逻辑绕晕了的话，也不妨顺着本章的行文重新梳理一下思路。——译者注

肯定，这是同样的铜、同样的铁，服从同样的自然规律。这完全正确。但电机和热机截然不同的结构也会使他相信，它们的工作方式完全不同。他并不会疑心驱动电机的是什么妖魔鬼怪。因为虽然没有锅炉和蒸汽，但只需要扳一下开关，就能启动电机旋转。

回顾生命的概况

生物在其生命周期中逐步展开的各项活动，展现出令人惊叹的规律性和有序性。我们从未在任何无生命的物质中见到过这种规律性和有序性。我们发现，一团极度有序的原子控制了生命活动，但它们在每个细胞中都只占到极小的部分。而且，根据我们对突变机制的认识，我们认为，对生殖细胞来说，只需要改变其“统治原子”中几个原子的位置，就足以对生物的宏观遗传特征产生明确的影响。

到目前为止，这些事实绝对是科学所揭示的最有趣的现象。我们希望它们最终并非完全难以置信。生命拥有惊人的天赋，能在自身上集中“秩序流”，从而避免在原子层面上衰退成混沌状态。这种从适合的环境中“汲取有序度”的能力，似乎与染色体分子这种“非周期性固体”有关。在我们已知的原子团中，染色体分子毫无疑问表现出了最高程度的秩序，比常见的周期性晶体高得多。这是因为在染色体分子中，每一个原子、每一个自由基都各尽其责。

简单来说，我们发现，既有的秩序有能力维持自身的秩序，并且产生新的有序活动。这似乎可以行得通。不过，在探究其可行性时，我们毫无疑问地参考了社会组织以及其他有生物参与的活动的经验。因此，这看上去像是循环论证。

总结物理学的概况

不管怎么说，我们都要反复强调，在物理学家眼里，生命现象绝不是显然行得通的事情。相反，正因为生命现象史无前例，才最为激动人心。和常识相反，受物理定律掌控的事件，其规律的行为从来都不是由一小团排列整齐的原子产生的，除非这种原子排列本身不断重复多次，譬如像周期性晶体那样，或者像由大量相同分子组成的液体或气体那样。

即便是化学家在生物体外研究非常复杂的分子的时候，他们也总在面对巨大数量的分子。故化学规律适用于大量分子。譬如，化学家可能会对你说，在某个反应开始之后，有半数分子会在一分钟后被反应掉，而第二分钟之后，3/4 的分子会被反应掉，以此类推。但是，假如你能够跟踪某个特定分子，你却没法预测这个分子是在被反应掉的那一拨里，还是在没有被反应掉的那一拨里。这纯粹是个概率问题。

这并不是纯粹的理论猜测。这也并不是说，我们无法观测一小团原子甚至单个原子的行为——某些情况下我们能够做这样的观测。但是，无论我们何时去观测，结果都是完全随机的。只有在对观测结果求平均值之后，规律才会显示出来。我们已经在第一章中展示过一个例子。对悬浮在液体中的小颗粒来说，它们的布朗运动完全没有规则。但是如果存在许许多多的小颗粒，它们的无规则运动就会产生有规则的扩散现象。

我们可以观测到单个放射性原子的衰变（它会辐射出一条轨迹，并在荧光板上留下一条可见的闪光。）但是如果让你预测一个放射性原子的寿命，这可远远没有预测一只健康麻雀的寿命来得容易。对这个问题，我们真的只能这么说：只要这个原子还存在（也许是好几千年），它下一秒会衰变的概率就永远保持不变，无论这个概率是大是小。很显然，每个原子都缺乏确定性。然而，当众多相同的放射性原子聚集在一起时，却产生了精确的指数衰变规律。

令人震惊的对比

我们在生物学中遇到的情况完全不同。只需要一小团分子，并且只需要一份，就可以产生有序的活动。它们还可以根据最精妙的规律相互交流，并且与环境交流。这真是个奇迹。我说只需要一份，是因为卵和单细胞生物就是例子。而对更高级的生物来说，毫无疑问，这份代码在之后的生命过程中则得到了复制。但是，复制了多少呢？据我所知，在成年哺乳动物中，大约是 10^{14} 份。这好少啊！这不过是 1 立方英尺空气中的分子数目的百万分之一。如果把它们聚集起来，就算还能有些体积的话，也就只够形成一小滴液体。再来看看它们实际的分散方式。每一个细胞里只有一份（或者两份，如果我们还记得两倍体这回事儿的话）。既然我们很清楚，这小小的中央指挥室对单个细胞有怎样的权力，那它们难道不正好似分散在躯体内的地方政府吗？这些“地方政府”拥有同一套遗传密码，因此彼此之间交流非常方便。

好吧，这是一个理想化的描述，也许更像是诗人会说的话，而不是科学家会说的话。不过，我们并不需要诗人般的想象。指挥每一个细胞的规则，都被包含在单个原子集合体中，而且只有一份（有时候是两份）。而且，这种规则产生的活动就是秩序的典范。这纯粹是我们观察到的事实。因此，只需要清晰地、冷静地分析，我们就能发现，这些活动的规律被一种和物理学中的“概率机制”完全不同的“机制”所控制。仅仅一小团极其有组织的原子就能产生这样的行为，无论我们对此感到难以置信还是很有可能，这都是前所未有的情形。除了在生物体内，我们从未在任何其他地方见过这种情况。研究非生物的物理学家和化学家从未见过哪种现象需要以这种方式解读。也正因为从未遇到过，所以也没有解释这类现象的理论。统计理论揭示了事物背后的本质，它使我们认识到，精确的物理定律表现出的伟大秩序，来源于原子和分子的无序；统计理论还表明，无须专门的前提假设，就能够理解最重要、最普遍、最包罗万象的熵增定律，因为这纯粹就是分子的无序本身。因此，我们对美妙的统计理论是那么自豪。但是，统计理论却没有涉及生命现象。

产生有序性的两种方式

生命展现出的有序性还有另一个来源。表面上看，两种“机制”都能够产生有序活动：“统计机制”产生“来自无序的秩序”，而这种新的机制则产生“来自秩序的秩序”。毫无疑问，不带偏见的人会认为第二种显得更简单、更为可行。这也是为什么物理学家为站在第一种机制这边感到自豪。因为，大自然竟千真万确地遵循“从无序中产生秩序”的原理。单靠这个原理，我们就能理解伟大的自然现象，尤其是其不可逆性。但从这种原理中推导出的“物理学定律”，并不能直接用来解释生命的行为。显而易见，生命很大程度上依赖于“从秩序中产生秩序”的原理，这是生命最突出的特征。就像你不会觉得你的弹簧锁钥匙能够打开邻居的门那样，你也不会觉得，两个完全不同的原理会导出相同类型的定律。

因此，如果在用常规的物理定律解释生命现象时遇到困难，我们也不要气馁。我们对生命物质结构的认识表明这正是意料之中的事。我们必须做好准备，从中寻找新物理。又或者，我们会认为这是“非物理”（non-physical），当然，难道不可能是“超物理”（super-physical）吗？

在物理学中，新原理并非新鲜事

我并不认为新原理是新事物。因为生命中涉及的新原理，是货真价实的物理原理：在我看来，它和量子理论的基本原理没什么不同。为了解释这一点，我们需要花一些时间。此前我们说，所有物理定律都建立在统计学之上。现在，我们要来重新梳理这个断言，并且做一些改进，如果算不上修正的话。

这个一而再、再而三地阐述的断言，不可能不引起矛盾。显然，有些现象最突出的特征，就是直接基于“从秩序中产生秩序”的原理，乃至似乎与统计学或者分子间的无序没有任何关系。

例如，太阳系系统井然有序，行星的运动几乎亘古不变。此时此刻天上的星座位置，也可以直接联系到古埃及帝国任何一个王朝的星座。你可以追溯过去星座的位置，也可以推测未来星座的位置。我们能计算出历史上日食发生的时间，而且发现它们和史书上的记载吻合得很好。有些情况下，这甚至可以用来纠正历史断代。以上这些计算通通不涉及统计学。它们纯粹基于牛顿的万有引力定律。

制作精良的钟表，它的运动规律似乎也和统计学没关系。任何其他类似的机械也一样。简而言之，所有纯粹的机械运动似乎都明确、直接地遵循“从秩序中产生秩序”的原理。这里，我们所说的是广义的“机械”。正如你所知，有一类用途广泛的钟表，依靠的是发电站输出的有规律的电流脉冲。[①]

我想起来，马克斯·普朗克写过一篇很有意思的小论文，主题是“动力学型和统计学型的定律”（Dynamische und Statistische Gesetzmässigkeit）。文中加以区分的两种定律类型，正对应着我们所说的“从秩序中产生秩序”和“从无序中产生秩序”。奇妙的“统计学”型定律掌控了宏观物体的运动。行星和钟表的宏观机械运动，就体现了这种定律。而“动力学”型定律则掌控微观活动，例如原子和分子之间的相互作用。那么，统计学型定律是如何由动力学型定律构成的呢？这正是普朗克那篇论文的主题。

我们已经认真地指出，理解生命现象的真正线索就是“从秩

---

① 这指的就是电子电路中的“时钟电路”。它依靠频率稳定的交流电振荡周期来计时。但直接使用发电站提供的低频交流电来做时钟源，误差比较大。更常用的时钟源是晶体振荡器（譬如电子表中的石英晶体）。——译者注

序中产生秩序”的原理。故而，从物理学的角度看，这个“新”原理并没有那么新。普朗克的观点甚至就在为它站台。于是，我们得出一个看起来有些滑稽的结论。理解生命现象的线索，在普朗克的论文中被表达为一种“钟表式”的纯粹机械运动。但我觉得，这个结论并不滑稽，也部分正确。不过，我们仍需要对这个结论保持怀疑。

钟表的运动

让我们来仔细分析一下真实世界中的钟表运动。它并非纯粹的机械运动。因为一台纯粹的机械钟表不需要发条，也不需要上发条。只要开始运动，它就会一直走下去。但实际上，如果没有上发条，在摆锤来回振荡几次之后，钟表就会停下来。摆锤的机械能变成了热。这其中涉及非常复杂的原子过程。从普遍原理上看，物理学家不得不承认，倒过来的过程也不是没可能发生。一台钟即使没有发条，也有可能通过消耗齿轮和环境中的热能，突然运动起来。物理学家不得不说：钟表来了一次强力布朗运动。我们已经在第 1 章[①]中看到，对一台非常敏锐的扭秤（静电表或者电流表）来说，这种事情每时每刻都在发生。当然，这种事情

① 译注：原文误作第 2 章，实为第 1 章的“第三个例子”一节。

发生在钟表上的概率会无限小。

让我们借用普朗克的术语。那么，钟表的运动究竟属于动力学型定律的范畴，还是统计学型定律的范畴呢？这取决于我们分析的角度。如果归为动力学型，我们主要关心的就是发条的规则运动。这发条尽管不是很强大，却还是能克服热运动产生的微小扰动，因此热运动可以被忽略。但如果我们注意到，钟表不上发条就会因为摩擦而逐渐慢下来，这个过程就只能从统计学现象的角度来理解了。

毋庸置疑，无论钟表运行中实际产生的摩擦和热效应有多么微弱，不忽略摩擦和热效应的第二种观点也更为本质。即使我们考虑由发条驱动的钟表，也不会有人相信，发条的动力会消除这个过程中的统计学本质。哪怕是有规律地走动的钟表，也有可能通过消耗环境中的热，在一瞬间回放它的运动，倒过来走，重新给自己上发条。真实的物理原理允许这种可能性。只不过，和没有驱动力的钟表受到“布朗运动”的强力一击相比，这种情况“更不太可能”发生。

钟表的运动终究是统计学规律

我们再来总结一下。刚才分析的“简单”情形，是许多其他情形的代表。事实上，任何看上去和无所不包的分子统计学原理不相关的事情都和钟表类似。和理想情形不同，任何由真实的物质制成的钟表，都不是真正的“钟表”[①]。虽然概率有大有小，钟表突然彻底出错的概率会无限小，但这种可能性始终存在。甚至在天体运动中，也不乏不可逆的摩擦和热涨落现象。受到潮汐力的作用，地球的自转在逐渐变慢；而伴随的效果则是月球逐渐远离地球。如果转动的地球是个完全刚性的球体，就不会发生这种情况。

尽管如此，“物理上的钟表”实际上仍然主要表现出“从秩序中产生秩序”的特征。物理学家在研究生命现象时，也遇到了这种类型的特征，这就很令人振奋了。毕竟，这两种类型的特征，似乎仍有共同之处。这共同之处是什么？又究竟是什么惊人的差别，使得生命最终成为前所未有的全新现象？且待后文分解。

能斯特定理

任何一团分子都是一个物理系统。它何时会展现出普朗克笔下的“动力学型定律”，何时又会展现出“钟表的特征”呢？量子理论给出的非常简要的回答就是：绝对零度。趋近于绝对零度时，分子的无序运动停止了，不再进行任何物理活动。顺便提一句，我们并不是从理论上得出这个结论的。因为绝对零度实际上

---

① 这里，“真正”的钟表运动指的是严格的、纯粹的机械运动。——译者注

无法达到，所以我们仔细研究了许多温度下的化学反应，并外推至绝对零度，得到结论。这就是瓦尔特·能斯特[①]著名的“热定律”。人们有时把它称为“热力学第三定律”（第一定律是能量守恒原理，第二定律是熵增原理），这毫不为过。

量子理论为能斯特的经验定律提供了理论基础。而且，它允许我们估算，一个系统要多接近绝对零度，才能近似展现出“动力学型”行为。对每个特定过程来说，何种温度实际上就已经等效于绝对零度了呢？

你可千万不要以为这一定需要极低的温度。哪怕在室温下，熵在很多化学反应中都完全不重要。能斯特的发现正是从这些现象中得出来的。（回忆一下，熵可以直接衡量分子的无序度，因为熵是无序度的对数。）

摆钟实际上差不多就在绝对零度

就拿摆钟来说吧。对一台摆钟而言，室温实际上就相当于绝对零度。正因为这样，它的行为才表现出“动力学型”。如果你

① 瓦尔特·能斯特（Walther Nernst），德国化学家，1920 年诺贝尔化学奖得主。提出了热力学第三定律，并提出了电化学计算电极电势的“能斯特方程”。热力学第三定律也有多种表述。其中一种表述为：任意趋近于绝对零度的系统，在发生等温可逆变化时，熵的改变也趋近于 0。这里的“趋近于”就是薛定谔所说的“外推至绝对零度”。另一种等价表述则是，任何处于绝对零度的完美晶体，熵都是 0。——译者注

继续降温，它也还是会继续工作（假设你擦干净了所有的润滑油！）但是如果你不断加热它，最终它就罢工了——它熔化了。

钟表和生物之间的关系

虽然这看上去很平常，但我认为这恰恰击中了问题的关键。钟表由固体制成，这才有能力以“动力学型”的方式工作。维持固体形状的就是伦敦—海特勒力。这种力足够强大，可以对抗常温下热运动的无序化倾向。

现在，我觉得有必要多说几句，来揭示钟表运动和生物之间的相似性。很简单，这种相似性就是，维系生物的同样也是固体。遗传物质由非周期性晶体构成，这很大程度上就能抵抗热运动的无序性。我想把染色体纤维比作“生命机器的齿轮”。如果你意识到这个类比背后深刻的物理原理，就别觉得我的比喻不恰当。

当然，根本无须那么多修辞，就能明白钟表和生命之间的本质区别。说生命的“齿轮”是全新的、前所未有的现象，一点都不为过。

最令人惊叹的区别有两个。首先，生命的齿轮在多细胞生物中有着神奇的分布。你们可以参考本章“令人震惊的对比”一节的一些诗意的表述。其次，它们不是粗糙的人造物品，而是量子力学的产物。每一个齿轮，都是大自然有史以来创造过的最精巧的作品。

后记

论决定论和自由意志

好了，我已经不带情绪、不偏不倚地详细阐述了生命问题的科学部分。作为对这件麻烦事儿的补偿，我希望能给自己留一点空间，就生命问题的哲学意义，主观地谈一谈我的看法。

上文给出的证据表明，在生物的躯体所包含的时间和空间里发生的活动（并且考虑到它们复杂的结构，以及公认的对物理—化学现象的统计解释），相对于生物的思维活动、自我意识或其他活动来说，如果不能说是严格的决定论，也至少在统计意义上是决定论的。我想对各位物理学家强调，我和某些人所持的观点相反，我认为量子不确定性和生命活动完全没有关系。在诸如减数分裂、自然突变和 X 射线诱导突变等生命活动中，量子不确定性顶多算是增强了这些活动纯粹随机的特性，但这不管怎么说都是得到普遍承认的显然现象。

我相信，每一位没有偏见的生物学家，在“宣称自己为纯粹的机械”时，都会感到不自在。你我都清楚这一点，因为这注定和自我反省时表现出的自由意志相矛盾。但为了我的论断，请让我假设我们事实上就是“纯粹的机械”。

但是直观经验无论怎样千变万化，都不会在逻辑上产生矛盾。因此，让我们看看，我们是否能够从以下两条假设中得到正确的、不自相矛盾的结论：

1. 我的身体按照大自然的法则，像纯粹的机械一样活动。

2. 然而我毫不怀疑我的直接体验，它们使我相信，我在控制这些活动。我也能够预见这些活动产生关键、重要的结果。这种情况下，我认为我能够对自己的行为负全部责任。

我认为，这两个事实只能推断出一个可能性。即“我”就是这个能够遵循大自然的法则，控制“原子的运动”的人。这里的“我”是广义上的。换句话说，每个有意识的灵魂，只要说出了“我”，或感受到“我”的存在，就是“我”本身。

有些概念曾经拥有过更广泛的含义，或者现在仍然对其他人群拥有更广泛的含义。但在某个文化环境（Kulturkreis）内，这些概念会被限制并专有化，这种情况下，用最简短的语言给出下面这个结论，需要一点勇气。在基督徒的语境中，“因此我就是全能的神”这句话听起来就是亵渎神明的痴人妄语。但现在，请忽略这种语境，并想一想，一个生物学家要想证明神明和不朽的话，以上推断是否最接近正确答案？

“我就是全能的神”这个观点本身并不新鲜。据我所知，最早关于此的记录可以追溯到大约2500年前，甚至更早。印度思想家很早就在伟大的《奥义书》[1]中指出 ATHMAN = BRAHMAN（一个人自身就等于全知全能的永恒本身）。这凝结了印度人对世间万物最深入的思考，完全没有亵渎之意。吠檀多派学者的一切努力，就是为了在学会如何表达这些思想后，在精神世界中与最伟大的思想真正融为一体。

而且，历史长河中出现了许多神秘主义。它们各自独立地描述了人一生中的独特体验，这些描述却能彼此兼容（就像理想气体中的粒子一样）。这些描述可以沉淀为一句话：DEUS FACTUS SUM（我成了神）。

在西方意识形态中，这种思想一直不是主流。只有叔本华等少数人支持它。其实，彼此真心相爱的人，也很像神话中描述的那样。当他们深情对望，就会从对方的眼睛中感受到，他们的思想和欢愉虽然并非完全相同，却能**合二为一**。但一般来说，爱人太过沉迷于感情，并不能清晰地意识到这一点。

请让我再多说几句。意识从来都没有复数，它永远是单数。哪怕在精神分裂或者双重人格这类病症中，两种人格会交替出现，它们也从不会同时出现。我们在梦境中的确会同时扮演多个角色，但是这些角色之间并非毫无差别。我们自己是一方，能够直接说话和行动，而我们在梦中常常迫切地想要获得其他人的回

---

① 《奥义书》（Upanishads）并不是一本书，而是古印度一类哲学文献的总称。——译者注

应。但我们没有意识到，正是我们自己在控制这些“其他人”的语言和行动，和控制梦中的自己一样。

吠檀多学派强烈地排斥多元性（plurality）。但多元性的概念究竟是如何产生的呢？躯体是聚集在有限空间里的物质。意识不仅和躯体紧密相关，而且依赖于躯体的物理状态。（想一想，随着身体的发育，在进入青春期、衰老、垂暮等不同人生阶段后，人的思想会发生怎样的变化。也可以想一想，发热、中毒、麻醉、脑损伤等，会对思想产生什么影响。）既然能存在这么多类似的躯体，那意识或思想的多元化似乎也是很有可能的假设。也许所有单纯的人都已经接受了这一点，这当然也包括了大部分伟大的西方哲学家。

这几乎立刻引出了和躯体一样多的灵魂。紧随其后的问题就是，灵魂是会和躯体一样死亡呢，还是能够独立存在，成为不朽。人们不喜欢前一种可能性。但后一种可能性直接忘记、忽略或否定了多元性假设所依赖的事实。还有更蠢的问题：动物也有灵魂吗？甚至有人问，是不是只有男人才有灵魂，而女人没有灵魂？

在这种情况下，哪怕没有十足的把握，我们也必须对多元性假设产生怀疑。西方所有的官方宗教普遍这么做。如果我们忽略这些宗教教义中的迷信部分，只维持那个存在许多灵魂的朴素想法，却通过宣称灵魂也有寿命，会和对应的躯体一起湮灭来“修补”这个想法，那我们难道不是在滑向更荒唐的无稽之谈吗？

唯一可能的选择是，保留我们最直接的体验，坚持意识是单数，没有复数的意识这回事。实际上只存在一个意识。表现出多元性的，只不过是意识利用幻觉产生的一系列不同侧面（印度人称之为 MAJA）。这就好比镜子中产生的许多幻象，也好比说，高里三喀峰和珠穆朗玛峰实际上是同一座山峰，只不过不同的山谷中看到的样子不一样罢了。[①]

当然，有许多栩栩如生的鬼故事在我们的脑海里根深蒂固，这会阻碍我们接受如此简单的道理。比如，有人告诉我，窗外有一棵树，但是我并没有看到这棵树。用某些巧妙的设备，只需要寥寥数步，就能在我的意识中植入这棵树的画面，而这就是我感觉到的东西。如果你和我站在一起，也朝这棵树看，这个设备就也向你的灵魂中植入同样的画面。我看见我眼中的树，你看见你眼中的树（和我看见的很像），但我们却对真实的树浑然不知。康德提出了这种夸张的想法。如果把意识看成单数名词，我们就可以很方便地声称，很明显只有一棵树，所有画面都是鬼故事。

然而，每个人都坚信，一个人自身的所有经历和记忆是一个整体，与其他任何人都不同。这就是人们口中的“我”。这个

---

① 实际上高里三喀峰（海拔 7134 米）和珠穆朗玛峰（海拔 8844 米）并不是同一座山峰，但它们当然都属于喜马拉雅山脉。读者可以忽略细节上的瑕疵，因为这里薛定谔想做的比喻就是“横看成岭侧成峰”而已。——译者注

“我”，究竟是什么呢?

我觉得，如果你仔细分析，你就会发现，这个“我”只不过比一组单纯的数据（经历和记忆）多那么一点点。这是说，“我”就是存放、展示这些数据的画布。而且，当你深刻反省自我之后，你会发现，“我”的真正意思正是这个收集经历和记忆的基础。你可能会前往一个遥远的国家。在那里，你失去所有朋友的联系，几乎要把他们忘记了；然后，你认识了新朋友，热情地和他们分享生活，和你对以前的老朋友们一样。在过上新生活之后，尽管你仍然会回忆过去，但那会变得越来越不重要。你可能会以一种第三人称的口吻谈起“那个曾经年轻的我”。显然，你正在阅读的小说的主角可能离你的心更近，形象更鲜活，你也对他更了解。但是，你的新旧生活之间并没有断层，也不存在死亡。哪怕经验丰富的催眠师成功抹去了你过去的所有回忆，你也不会觉得他杀死了你。任何情况下，一个人的存在都不会被否定。

从来都不会。

对后记的注释

这里采用的观点正和奥尔德斯·赫胥黎的看法相呼应。最近，他提出了**长青哲学**（Perennial Philosophy）。[1] 难能可贵的是，他的精彩著作（London，Chatto and Windus，1946）不仅可以解释本文讨论的思想，也可以解释为何这个思想如此难以把握，而又如此容易招致反对。

① 关于奥尔德斯·赫胥黎和他的《长青哲学》，在第二部分《心灵与物质》第四章有更详细的阐述。——译者注

心灵和物质①

① 这里的心灵（mind）指的是人类思维活动的总和，它包含了意识（consciousness）、感知（perception）、思考（thinking）、记忆（memory）、决策（judgment）、语言（language）等诸多功能。其他版本也有将mind译为“意识”的。这里，译者统一将mind译为“心灵”，而将consciousness译为“意识”。但读者可以发现，薛定谔自己也时常混用“心灵”和“意识”这两个词，并派生出诸如“意识心灵”（conscious mind）、“感知心灵”（perception mind）等用词。第四章尤为明显。根据上下文，我们大致可以了解到薛定谔并没有打算严格地区分这些术语。——译者注

塔尔内讲座

1956 年 10 月，剑桥大学三一学院

谨献给我的挚友汉斯·霍夫

第一章

意识的物理基础

问题所在

我们的知觉、感知和记忆构成了这个世界。把世界视为独立存在的客观事物，这种做法很便利。但很显然，世界并不能仅仅依靠自身就显现出来。是大脑这种世上独特的器官中发生的特定活动，才使世界展现在我们面前。这件事情非同寻常，它暗含着如下问题：我们该如何从大脑中分辨出这种能够使世界显现出来的特殊能力呢？我们有没有能力判断，哪些物质过程拥有这种能力，而哪些没有呢？或者说得更简单一点：哪些物质过程和意识直接相关？

面对这个问题，理性主义者可能会给出以下简短的回答。[①] 根据我们的经验，意识与生物活体中的神经活动有关。其他高等动物也类似。不过，多古老、多“低等”的动物身上仍有意识呢？而意识处在早期的发展阶段又会是什么样子呢？这些问题都无法

① 薛定谔抛出了一堆设问句来作为他口中的“理性主义者”的回答。因此应该解读为，理性主义者就意识问题的态度是：只有人类和高等动物存在意识，而其他的情况统统不可知，也就不重要。不必在意识问题上东想西想。——译者注

回答，只能做一些毫无根据的猜测。因此，应该把它们留给那些无所事事的空想家。至于无生命的物质，乃至任何物质中，是否也可能存在某种程度上与意识相关的其他活动呢？沉迷于思考这些问题，就更没有道理了。所有这一切都纯属异想天开，既无法证明也无法证伪，因此对我们的认识毫无价值。

如果有人愿意搁置这个问题，他就该知道，他因此会在其世界观中留下一个多么不寻常的缺陷！因为，在特定的刺激下，生物的神经细胞和大脑会被激活。这是一种非常特殊的活动，它的含义和重要性已经被研究得很清楚了。[①] 这种特殊的机制是一种适应变化环境的机制，通过这种机制，生物个体可以对变化的环境做出反应，并依此调节自身的行为。在所有适应变化环境的机制中，这种机制最为细致、最为精巧；一旦启动，就立即成为主导。但是，这种机制并非**唯一**的机制。许多生物，尤其是植物，也能用完全不同的方式，完成类似的反应。

高等动物进化出的这种特殊机制（这种变化本来也有可能不会出现），是世界得以通过意识显现的必要条件。我们是否准备好接受这一观点了呢？如果没有意识，世界是不是仍旧是一场无

① 实际上，当然不像薛定谔所说的那样，已经“被研究得很清楚了”。虽然自古以来人类就一直在研究大脑和神经活动，但现代神经科学直到 20 世纪 50 年代末才发展成为一个独立的学科。神经科学在认知、行为、学习和记忆机制上的许多重大突破，都发生在 20 世纪 60 年代之后。薛定谔这里指的“被研究得很清楚”的过程，大概指的只是神经冲动在神经纤维中的传导机制。——译者注

人欣赏的大戏，并不为任何人而存在？因此，是不是也可以说世界根本就不存在？在我看来，这种世界观就算是崩塌了。面对这一困境，我们急需找到出路。不要因为担心招致自诩智慧的理性主义者的嘲讽就畏缩不前。[1]

根据斯宾诺莎[2]的观点，每种具体事物或者存在，都是神这种无限实体的化身。通过展现自身的属性，尤其是广延属性和思维属性，神性得以展现。广延属性指的就是事物实际所占据的时间和空间，而对具有生命的人和动物来说，思维属性就是其精神。但是斯宾诺莎认为，任何无生命的物体也同样是“神的思想”，这就是说，无生命的物体也具有思维属性。这种大胆的思想，认为万物皆有生命。不过，斯宾诺莎并不是史上第一个提出这个观点的人，甚至西方哲学史上也早有人提出来过。两千年前，爱奥尼亚的哲学家就因为这种思想而被称为**物活论者**。[3]在斯

---

① 薛定谔这里的意思是说，若是像理性主义者声称的那样，不去探究意识的本质，就会滑向“没有意识，世界就不存在”这样的荒谬结果。因此我们必须要探究意识的本质。——译者注

② 斯宾诺莎（Spinoza），17世纪荷兰哲学家，著有《伦理学》。这本著作中，他试图模仿欧几里得，从一组公理和定义出发，通过逻辑推导出一系列关于伦理和哲学的命题。斯宾诺莎是“一元论”和“泛神论”者。他认为上帝和宇宙是一回事，整个宇宙就是最高实体。——译者注

③ 物活论（hylozoism）者认为万事万物皆有（某种形式）的生命。在古希腊，持有这种哲学观点的哲学家主要有米利都的泰勒斯（Thales，Θαλῆς）和阿那克西美尼（Anaximenes，Ἀναξιμένης）、以弗所的赫拉克利特（Heraclitus，Ἡράκλειτος），以及芝诺（Zeno，Ζήνων）创立的斯多葛学派（Stoicism）。这些哲学家都认为“万物有灵”。——译者注

宾诺莎之后，天才的古斯塔夫·西奥多·费希纳[1]丝毫不羞于认为植物、地球、天体、行星系统等也都有灵魂。但是，我不会陷入这类幻想之中。不过，我也没兴趣评判，究竟是费希纳，还是一败涂地的理性主义者更接近真理。

尝试性的答案

可以看到，所有试图拓展意识的范畴，想要把意识与神经活动之外的某些事物联系起来的做法，最终都会陷入既无法证明、也无法证伪的境地。但如果我们选择相反的道路，那就有了较为坚实的基础。并非所有的神经活动都伴随着意识。很多神经活动都与意识无关，而整个大脑中无关的活动就更多了。虽然从生理学和生物学的角度上看，这些过程和伴随“意识”的过程很像：它们常常涉及神经冲动的传入和传出；在调控生物对自身和外部环境变化所做出的反应上，这些过程也都有重要的生物学作用。我们遇到的第一个例子就是在植物神经系统及其控制的躯体中发生的反射过程。虽然有许多反射过程也经过大脑（对此我们会专门讨论），但它们要么根本不会，要么几乎不再产生意识。在第二种情况下，是否会产生意

---

① 古斯塔大·西奥多·费希纳（Gustav Theodor Fechner），德国哲学家、心理学家。他最著名的成果是“韦伯—费希纳定律”。这个定律是说，人心理上感受到的刺激强度，和实际的物理刺激的强度是对数关系。他还发现了黄金分割比例。——译者注

识并没有绝对的分隔线。在完全有意识和完全无意识之间，存在中间地带。通过考察人体内众多极为相似的生理学过程，我们应该不难通过观察和推理找到想要寻求的意识的独特特征。

在我看来，玄机就藏在以下事实之中。众所周知，我们的知觉、感知乃至行动参与了数不清的事件。任何事件只要以一模一样的方式反复发生，就会逐渐淡出意识的范围。但是这些事件再次发生之时，一旦地点或者周围环境与之前的事件不同，它们就会立刻回到意识之中。即便如此，刚开始进入意识范围的只有那些起了变化的“不同”之处。这些变化把新事件和往常的事件区分开来，并且请求意识“注意新情况”。每个人都能够从自己的经历中举出许多例子，所以我这儿就不再多说了。

对人的整个精神生活来说，逐渐淡出意识的过程至关重要。人的整个精神生活都建立在反复练习的基础上。理查德·西蒙把这个过程总结为**记忆力**（Mneme）[①]。我们之后还会进一步讨论记忆力的概念。如果一件事完全不会复现，那它就没有生物学意义。生物学意义仅存在于学习如何正确应对反复发生的情景之中。这类情景通常具有周期性，而且生物必须以相同的方式应对，方能处变不惊。初开始遇到这类情景时，生物在脑海中会

---

① 理查德·西蒙（Richard Wolfgang Semon），德国动物学家、进化生物学家。Mneme（Μνήμη）在古希腊神话中是最早的三位缪斯女神之一，掌管记忆。西蒙认为，心理活动与神经的生理学变化一一对应，外界的刺激会在大脑的神经中留下“记忆痕迹”（engram）。——译者注

产生新的东西。理查德·阿芬那留斯[1]将其称为“已遇到”或者“非全部”。反反复复之后，整个事件就越来越成为一种例行常规，也变得越来越乏味；对事件的反应也越来越可靠，并逐渐从意识中消失。正可谓，男孩把诗歌倒背如流，女孩演奏钢琴奏鸣曲《就像在梦中》。每天，我们走一条路上班，在老地方过马路、拐弯，但我们的脑子里完全想着别的事情。但一旦情况有变——比如说我们经常过马路的地方正好在修路，不得不绕道而行——这种变化以及我们的应对就进入了意识范围。然而，如果这种变化也成了反复发生的事情，我们的应对又会很快从意识中消失。面临选择时，我们就找到多条路线，并也能用同样的方式把它们固定下来。无论是去大学报告厅，还是去物理实验室，只要这两个地方都是我们常去之处，我们就可以毫不费力地走对路。

出现变化、产生不同的应对、固定下分支路线，类似的情形在不停地上演。但只有最近发生的、生物仍然在学习、练习的情形才会被保留在意识之中。有人会说，意识就像是指导生物学习的老师，但这位老师会让学生独立完成他已经熟练掌握的任务。但是，值得强调：这只是个比喻。实际上，只有新情形以及对新

---

① 理查德·阿芬那留斯（Richard Avenarius），德国哲学家，经验批判主义的创始人。他反对传统形而上学对经验的内外之分。传统形而上学认为，人的经验分为内部经验和外部经验。外部经验是人的感官体验，而内部经验则反映人脑中的意识活动，如抽象和概念化。但阿芬那留斯认为不存在这种区分，人只有纯粹的感官体验，因此物质的概念毫无意义。如果没有感官体验，就不存在任何事物。——译者注

情形的应对才会留在意识中，过去的、已经熟练掌握的情形和应对则不再出现。仅此而已。

我们日常生活中重复了千百遍的事情，也总有第一次。刚开始学的时候，我们需要集中注意力，格外小心翼翼。就比如说，小孩子蹒跚学步的时候，他的所有注意力都集中在这上面；他会用欢呼来庆祝第一次成功。脱鞋、关灯、入夜更衣，用刀叉吃饭……所有这些技能，都需要经过艰苦的学习才能掌握。但在熟练之后，成年人做这些事情就是习惯成自然了。这种习惯还偶尔会闹出一些笑话。据说，有个著名的数学家邀请了一群好友晚上来家聚会。可宾客上门后不久，他的妻子发现他竟然关了灯躺在床上。怎么回事儿呢？原来，他回卧室是为了去换一件干净的衬衫，但他中途却在想心事。于是，仅仅因为摘下了脏衬衫的衣领，他就习惯性地做出了接下来的一系列举动。

我认为，所有这些在人精神生活的**个体发育**过程中耳熟能详的事情，却能帮助我们理解人为何能**系统发育**出心跳、肠道蠕动等无意识的神经过程。这些无意识的神经过程所处的环境，要么几乎不变，要么变化很有规律；它们已经训练有素，因而很早就从意识的范围内消失了。我们在这里也能够找到处在中间灰色地带的例子。例如，呼吸平常都是无意识的，但如果遇上烟雾或者哮喘发作等意外情况，我们就会意识到呼吸。另一个例子则是，在感到悲伤、欢乐或者身体疼痛时，我们会控制不住地流下眼泪，哪怕我们能意识到这一点。

此外，已形成固定记忆的行为也会发生滑稽的错误。惊吓时，头发会立起来；紧张时，唾液会停止分泌。这些反应在进化历史上一定起到过某些重要作用，但在人身上已经失去这些作用了。[①]

---

① 薛定谔对记忆的理解十分粗浅。他认为只有不断重复的事物才会得到意识的关注和记忆，而一旦完成记忆和训练，事物则又从意识中消失。但实际上，记忆的种类和工作机制远比薛定谔描述的复杂得多。记忆分为三类：感觉记忆、短期记忆以及长期记忆。感觉记忆是感官刺激后极短时间内暂留的记忆，通常只能维持不到1秒钟，然后迅速消退。眼中一闪而过的影像就属于感觉记忆。感觉记忆是条件反射式的，意识并不会参与其中。短期记忆又叫作工作记忆，可以维持几秒到一分钟。听写时背下一串电话号码，或者暂时记住看到过的画面，就属于短期记忆。而长期记忆则可以维持很久甚至一生，并且似乎具有无限的容量。你记忆中的往事、学会的知识和技能等，都属于长期记忆。根据阿尔金森和希夫林提出的记忆模型（Arkinson-Shiffrin model），感觉记忆仅仅留存感官刺激的信号，并作为短期记忆的输入数据。短期记忆经过不断重复，则可以存储为长期记忆。长期记忆则可以在需要时被再次提取。一般认为，短期记忆涉及神经细胞中暂时的信息传递，而长期记忆则会永久地改变神经细胞的连接，包括形成新的突触等。海马体（hippocampus）在存储长期记忆的过程中扮演了关键角色。因此，哪怕是只出现一次的事件，只要进入短期记忆，就已经得到了意识的关注。但是如果不经过重复而形成长期记忆，短期记忆就会很快消退。而薛定谔在文中所举的学习各项技能的例子，其实都是长期记忆。薛定谔提到，器官受到（无害的）重复刺激，反应会逐渐减弱。这种现象确实存在，叫作习惯化（habituation），例如你会逐渐听不到环境中的白噪音。但并不仅仅是人类，许多动物都有习惯化的行为。但与习惯化相对的，也有"敏感化"（sensitization）行为，即面对（危险的）重复刺激而反应逐渐增强。习惯化和敏感化都属于"非联想学习"（Non-associative learning），因为它们是针对单一刺激的学习过程，并不涉及对多个刺激之间的关联。薛定谔对呼吸、心跳等的解读也有问题。并不是因为我们经过长期训练把呼吸、心跳等动作烂熟于心了，它们才从意识里消失。心跳、呼吸等基本生理功能，根本就不是由大脑皮层控制的，而是由下丘脑、脑干领导的植物神经系统掌控的。虽然大脑皮层也可以调控其行为（就是薛定谔所说的遇到烟雾或哮喘的情况），但植物神经系统无须意识介入就可以自主运行，并具有可遗传的非条件反射。非条件反射与生俱来，并不需要任何学习。因此，植物神经系统的功能和长期记忆性质完全不同。薛定谔虽然在一开始提到植物神经系统的反射并不属于"意识"，但又将心跳和呼吸纳入需要训练、学习的"意识"范围，就自相矛盾了。——译者注

接下来，我要把这些概念拓展到神经过程之外。对我个人来说，这是最重要的一步。但我不敢说所有人都能立刻认同这一步，所以这里我先只简单提一提。我们一开始的问题是：哪些物质过程与意识有关，或曰伴随着意识？而哪些则不是如此呢？我要做的推广恰恰能为这个问题指出方向。我的回答是：我们此前已讨论并展示的神经过程的特征，是生命过程的普遍特征；生命过程只要是新发生的，就与意识有关。

根据理查德·西蒙的概念和术语，不仅仅是大脑，整个人体的个体发育都是不断“完美印刻”地重复一连串事件。这些事件过去已经重复发生了上千次。正如我们从自身的经验中所知，尚在母亲子宫内的新生命最初并没有意识；但哪怕是出生后的好几个月，婴儿也基本都在睡梦中度过。[1] 在此期间，婴儿正在养成固有的习惯。这时，婴儿所遇到的情形几乎不变。接下来，仅仅在器官逐渐和环境发生交互的时候，在器官根据环境变化调整功能的时候，在器官被环境影响、进行练习、被周围环境以特殊的

---

① 实际上，初生婴儿已经有最基本的意识。他 / 她能够区分自己和其他婴儿的哭声，能够区分自己和他人的触摸，能够表达感情并通过哭和母亲交流。而且这些思维活动可以从对婴儿大脑的核磁共振成像和脑电图中观察到。[Hugo Lagercrantz & Jean-Pierre Changeux， *Pediatric Research* 65，255—260（2009）] 当然，婴儿要到大约 2 岁才能清晰地意识到自我，需要更长时间才能发育出成人的意识，这是一个渐进的过程。发展心理学中有个著名的“小红点实验”：20~24 个月大的婴儿能够辨认出镜子中鼻子上贴了小红点的人是自己。[Beulah Amsterdam，*Developmental Psychobiology*，5，297—305，(1972)] 这个实验揭示的就是婴儿何时开始发展出明确的自我意识。——译者注

方式改变的时候，器官发育才开始涉及意识。在高等脊椎动物体内，这些器官主要存在于神经系统中。因此，意识就与这些器官的特殊功能有关，它们能够通过我们所谓的经验，使自身适应环境的变化。神经系统是人体内仍在经历系统发育过程的部分。如果把人比作一株植物，它就好比是我们茎秆的“顶部”（德语 Vegetationsspitze）。因此，我把我的基本假说总结为：意识与生物的学习有关；而生物已掌握的能力（德语 Können）则是无意识的。[①]

伦理学

我最为重视的部分，是最终把我的意识理论推广到伦理学，但其他人可能对此还有疑虑。不过即使不作推广，我所描绘的意识理论似乎也已为使用科学方法理解伦理铺平了道路。

无论在什么时代、什么文化中，所有需要恪守的道德准则（德语 Tugendlehre）背后都是自我否定（德语 Selbstüberwindung）。伦理教育的形式总是要求和挑战，“你必须要怎么怎么样”。这种方式与我们的原始冲动相抵触。究竟什么时候出现了这种“我希

① 用现代记忆模型的视角来看，在这个结论中，薛定谔所谓的“意识”其实是工作记忆以及存储和调取长期记忆的过程，而“无意识”的“技能”则是被存储的长期记忆。——译者注

望”和“你必须”之间的特殊冲突呢？要我们抑制自己的原始欲望，不能自己做主，而是违背真实的自我，这种要求难道不很荒谬吗？没错，我们这个时代对这种要求的嘲笑，也许比以往任何时候都来得多。我们时不时会听到这样的口号：“我就是我，给我个性空间！不要压抑我与生俱来的欲望！所有违背我的要求都是无理的要求，都是牧师的骗局。大自然就是神，而大自然创造了我，就是希望我成为我的样子。”他们公开宣布康德的命题没有道理[①]，想要驳斥他们这种质朴的大实话并非易事。

但幸运的是，这些口号的科学根据漏洞百出。对“成为”（德语 das Werden）生命的真知灼见使我们容易理解到，有意识的生命实际上有必要与自身的原始冲动持续抗争。这是因为，我们在自然状态下的原始冲动和本能欲望，显然是与从祖先那里继承的物质遗产相关联的精神状态。而作为一个物种，我们如今正在进步，我们处在人类进化的前沿；因此人生的每一天都体现了人类进化的一小步，这种进化仍在如火如荼地进行。诚然，一个人生命中的一天，甚至一个人的一生，也只不过是在永远不会完成的雕像上留下一小点凿痕。但是整个人类在历史上完成的伟大进化，也正是由无数这样的斧凿汇集而成的。实现这种变化的物

① 伊曼努尔·康德（Immanuel Kant），18世纪德国著名哲学家，德国古典哲学的奠基人。这里薛定谔指的是康德在《实践理性批判》中所提出的道德观。康德认为，任何为了自己的功利目的所做的行为都是不道德的，真正的道德是纯粹的义务。——译者注

质，这种变化发生的前提，当然是可以遗传的自发突变。但是，在对突变的选择上，携带者的行为习性就极其重要，并会产生决定性的影响。否则，哪怕在漫长的时间范围内，我们也无法理解物种的起源和自然选择过程表现出的直接趋势，而这种时间范围终究有限，我们也很清楚这一点。

因此，在人生的每一步、每一天当中，我们都需要改变一点点彼时还拥有的东西。它们必须被克服、被删除、被新的形式取代。我们的原始冲动负隅顽抗，就是这种现状反抗改变在精神上的体现。因为我们自己既是凿子也是雕塑，既是征服者也同时被征服——这正是持续不断的“自我征服”（德文Selbstüberwindung）。

但是，且不说与普通人的一生相比了，哪怕和历史年代相比，这种进化过程也异常缓慢。那么，认为这种进化过程应当直截了当地进入意识领域，难道不荒谬吗？这种进化过程难道不是一直在悄悄地进行着，没有被人注意到吗？

当然不是。从我们之前的考察来看，情况并非如此。之前的考察最终认为，意识与这种生理学变化相关，并且仍旧通过和变化的环境之间的相互作用而被改变。而且，我们总结道，只有仍然处在被训练状态中的变化才会被意识到。在完全训练好之后，这些变化就成为物种在遗传上与生俱来的、训练有素的、无意识的部分。简单来说：意识在进化中才会显现。这个世界只因为它在发展、创造新的形态，才得以显现。固定不变的事物从意识中消失；只有在和进化中的事物相互作用时，它们才会再次显现。

如果承认这一点，那么意识就与个人的自我抗争不可分割，而且它们的强度似乎互成比例。这听起来像个悖论，但是古往今来最智慧的人已经证明了事实确实如此。这个世界为一些人点亮了最为闪耀的意识之光，而他们则用自己的生命和语言，创造并改变着我们称之为人文的艺术作品，并用演讲、文字和自己的生命证明了这一点。这些人比其他人承受了更多的自我矛盾的折磨。且让它成为同样饱受折磨之苦的人的慰藉吧。倘若没有自我的冲突，就不会承受任何痛苦。

请不要误解我。我是科学家，并不是德育老师。请不要误以为我希望让人类物种进化到更高目标，并以此作为宣传道德法则的有效理由。并不是这样。因为道德法则是无私的目标，是公正的动机。也因此，道德法则中已经预设了美德，这样它才能被接受。我和其他人一样，也觉得无法解释康德实践理性中的“应该”。最简单的道德法则（别自私！）是个显而易见的事实。它就摆在那里，甚至那些不经常遵守的人中，大部分也都承认它。我认为，这种令人费解的存在表明，人类正处在变成**社会动物**的早期阶段，刚开始发生从利己主义到利他主义的生物学转变。对独来独往的动物来说，利己主义是一种美德，有利于保护并发展这个物种；但在社群中，它就变成了破坏性的事情。开始形成社会的动物如果不努力限制利己主义，就会消亡。处在物种系统发育较为古老阶段的蜜蜂、蚂蚁和白蚁完全抛弃了利己主义。然而在这些物种之中，利己主义的下一个阶段，即民族利己主义或曰民族主义，却仍然大行其道。一只工蜂若是进错了巢穴，毫无疑问会被杀掉。

人类身上正在发生的事情，似乎并没有那么罕见。上文所述的第一个转变尚未完成之前，就已经早早地显示出接下来的改变将会朝着类似的方向进行。人类目前仍然非常自私，但很多人已经开始觉察到，民族主义也有危害，必须要将它摒弃。这里也许会出现某些奇怪的现象。目前，利己主义仍然具有强烈的吸引力，因此人类的第一步转变远远没有实现；但也许正因为如此，反而可以加快不同民族之间和解的步伐。大家都害怕恐怖的新式侵略武器，因而变得渴望国家之间的和平。而蜜蜂、蚂蚁或者斯巴达勇士则完全没有个人的恐惧情绪。在他们的社会中，怯懦是最可耻的事情。如果我们像他们一样，战争就永远不会停止。不过幸好我们只是凡人——只是胆小的凡人。[1]

我早在三十年前就注意到这一章探讨的问题和结论了。我从未忽视它们，但是我非常担心它们可能会招致反对，因为这些结

---

① 薛定谔对极端民族主义的警惕和对国际局势的判断相当敏锐。这大概也是因为欧洲人刚刚经历过二战，无论战胜国还是战败国都满目疮痍，因此欧洲人对战争的危害印象深刻，对和平的渴望也尤为强烈。——译者注

论的基础似乎是拉马克式的“获得性遗传”。我们并不打算认同这种说法。况且，哪怕我们不认同获得性遗传，并认同达尔文的进化理论，我们也会发现，物种个体的行为可以显著影响其进化方向，以至于显得好像是某种拉马克式的遗传。下一章，我会引用朱利安·赫胥黎[①]的权威观点，来详细解释这件事。不过，引用赫胥黎主要是为了针对一个稍微不同的问题，而不单纯是为了来为上文的观点寻找支持。

---

① 朱利安·赫胥黎（Julian Huxley），英国进化生物学家。他的祖父就是著名的“达尔文斗牛犬”托马斯·赫胥黎。——译者注

第二章

认识的未来[1]

① 1950 年 9 月，英国广播公司（BBC）欧洲服务通过三连载的形式首次广播了本章的内容。随后，这些内容亦被收录在《生命是什么及其他散文》中（Anchor Book A88， Doubleday and Co.， New York）。

生物的死胡同？

无论在哪种意义上，人类对世界的认识都几乎不可能达到某种终极阶段。我相信，大家应该都是这么想的。我的意思不仅仅是说我们在各个科学领域的研究会继续下去，我们在哲学和宗教上的研究和探索也很可能会发展并提升我们目前的世界观。从普罗泰戈拉、德谟克利特和安提斯泰尼算起[①]，人类已走过 2500 年。而通过这种方式，我们在未来同样长的时间里，也会继续取得进步。但是，和我在这里想要暗示的内容相比，人类在未来可能有的进步将会无足轻重。没有任何理由相信，在显现出世界的思维器官中，人类大脑是**无可超越**的超级思想器官。其他物种也很有可能具有相似的功能。人类在它们眼里的形象，就好比我们眼中

---

① 普罗泰戈拉（Protagoras， Πρωταγόρας）和德谟克利特（Democritus，Δημόκριτος）均为苏格拉底之前的古希腊哲学家。普罗泰戈拉属于诡辩论者，德谟克利特创立了“原子论”。安提斯泰尼（Antisthenes， Ἀντισθένης）是苏格拉底的弟子。——译者注

的狗，抑或狗眼中的蜗牛那样。

如果真是这样，尽管这和我们的主题无关，我们仍旧会对它感兴趣。我们想知道，人类自己的子子孙孙有没有可能会在地球上实现这样的事情呢？[①]地球还很好，还很年轻。我们从最原始的生命形式进化到现在的模样，就算它花了10亿年吧。那地球的宜居环境至少还能维持这么长的时间。[②]但是人类自己又如何呢？如果你接受当前的最好的进化理论，那么人类的进化似乎已经接近尾声了。人类目前的身体就是由遗传固定下来的，而我指的正是这种可以逐渐被固定为遗传特质的生理上的变化，用生物学家的术语来说就是基因型的变化。那么，还能指望人类在生理

---

① 这两年飞速发展的人工智能使得有些人士开始担忧，人工智能有一天可能会发展到不受人类控制的阶段，并取代人类。众多科幻作品中都幻想过类似的情节：具有智能的机器人联合起来推翻人类统治。倘若未来真的有这一天的话，那时基于电子计算机和机械的人工智能是否也可以被视为是智慧生命呢？——译者注

② 这里原文提到的10亿年，应该是薛定谔随口一说的数字，并不准确。化石证据表明，地球上最原始的生命至少可以追溯到35亿年前[J. William Schopf, *Philosophical Transactions of the Royal Society B.*, 361, 869—885(2006)]，现在有些学者认为还可以追溯到更早。10亿年前，地球上已经出现了多细胞的真核生物。不过，地球真的还能如薛定谔所说的继续维持10亿年，甚至35亿年吗？近百年来，人类活动对地球环境和生态产生了前所未有的影响。全球气候变暖形势严峻。全球人口不断增长，消耗了越来越多的不可再生自然资源，并不断侵占野生动植物的栖息地。全球物种在以惊人的速度灭绝。这些情况是薛定谔的时代所料想不到的，也是人类继续在地球上生存下去所要面临的巨大挑战。此外，在以“亿年”为单位的地质年代时间表上，地球未来也完全有可能遭遇重大的“天灾”，例如小行星撞击或者临近的超新星爆发释放的 γ 射线爆。在地球过去的几亿年里，地球已经历过多次类似的天灾。最著名的莫过于6600万年前导致恐龙灭绝的那次。——译者注

上进化吗？这个问题很难回答。我们可能已经走进了死胡同，甚至可能已经走到尽头了。这没什么大不了，而且这也不意味着人类很快就要灭绝了。因为地质学研究发现，有些物种，乃至很大的种群，似乎都在很久以前就抵达了进化的终点。但它们也没灭绝，只不过是在数百万年的时间里都几乎没有什么变化。例如，海龟和鳄鱼就属于这类非常古老的活化石动物；我们也知道，所有昆虫的情况也差不多——而昆虫的种类比所有其他动物的物种数量加起来还要多。但是它们在数百万年之中都没有什么变化。相比而言，地球上其他生物已经经历了翻天覆地的变化。阻止昆虫继续进化的原因可能是它们和我们不一样，它们选择了（请不要把这个比喻理解错了）外骨骼这套方案。这身穿在外面的铠甲，可以提供额外的保护和机械稳定性。但是它们不像哺乳动物的骨骼那样可以在出生到成熟的过程中不断生长。这样一来，个体注定就很难在其生命周期中实现渐进的适应性变化。

对人类来说，妨碍进化继续下去的似乎有以下几点。自发出现的可遗传变化，我们如今称之为“突变”。根据达尔文的理论，“有利”的突变会自动被选择出来。但这些突变通常只是微小的进化步骤，如果确实对进化有益，也只能提供微小的益处。这就是为什么在达尔文的推断中，很重要的一点就是物种通常需要产下大量后代。因为只有这样，微小的改善才比较有机会在仅有的一小部分幸存者身上得到实现。在文明人身上，这一套机制似乎不管用了——在某些情况下甚至出现了倒退。总体来讲，人类并不愿意看到同胞受苦并死亡，因此我们逐渐引入了法律和社会制度。一方面，它们保护生命，惩罚规模化的杀婴现象，并且试图帮助每一个病弱的人生存下来。而另一方面，这也取代了大自然对不太健康的个体的清除过程。为了把后代数量控制在生存资源允许的范围内，一种方式是直接的计划生育，另一种方式则是防止相当比例的女性生育。[①] 有时候，疯狂的战争以及它带来的所有灾难和错误也参与其中。我们这代人最清楚不过了。数百万人，无论大人小孩，无论男女，都因为饥饿、辐射和流行病死去了。虽然在远古时期，小部落之间的战斗可能对自然选择有正向作用，但在有史记载的年代，战争是否还有这种作用就值得怀疑了，而在当今世界，战争毫无疑问起到了反作用。现在，战争就是无差别的屠杀，而药物和手术的发展则无差别地拯救生命。虽然在道义上，战争和医疗技术完全对立，但它们似乎都起不到自

① 人类自古以来就有优生优育的做法。20 世纪初，随着达尔文进化论的流行和孟德尔遗传规律的重新发现，“优生学”再次流行起来，并在一些国家被推进到极为激进的形式，成为对种族和弱势群体迫害的借口。最为极端的例子包括纳粹德国对残疾人、罪犯、妓女等人群的强制绝育，以及美国的“巴克诉贝尔案”。这个案子中，美国最高法院判决支持对嘉莉·巴克强制绝育，理由是她是智障者，而且她的母亲卖淫，必须“清除”这种人类基因中的“污染”。如今，这类做法被认为是反人道的行为，是极大的错误。不过，从预防遗传病的角度进行的“优生优育”仍是合理且有必要的，例如禁止近亲结婚，并在孕前做好遗传病的筛查。——译者注

然选择的作用。[①]

达尔文主义显而易见的阴云

这些考虑表明，作为一个在进化之中的物种，人类进化的脚步已经停了下来，未来不再会有生物学上的进步。[②] 即便如此，我们也不用担心。即使没有生物学上的改变，我们也可以继续生存几百万年，就像鳄鱼和许多昆虫那样。然而，从哲学角度来看，这种情形仍然让人感到忧伤，所以我希望能举出一个相反的例子。为此，我必须谈一谈进化理论中的一个特殊方面。我在朱利安・赫胥黎教授的名著《进化》中找到了这方面的支持。但在他看来，这个方面并不总是得到当今化学家的赏识。

---

① 医疗技术也许尚不能对人类产生自然选择，但毫无疑问，现代医疗技术已经“筛选”出了一大批耐药的“超级细菌”。这些被人类的技术选择出来的“超级细菌”，对人类健康构成了严重威胁。——译者注

② 近年来的研究表明，“人类的科技和医疗技术已经抵消了自然选择，现代人已经停止进化”的观点是站不住脚的。例如，生育年龄和子女数量看起来是个人选择，但众多研究已经表明，它们和基因有着密切关系，并且在工业前时代和工业时代，男女的首次生育年龄、子女总个数等生育行为都在不断地被自然选择 [Stephen C. Stearns，*Nature Reviews Genetics*，11，611—622（2010）；Nicola Barban et al.，*Nature Genetics*，48，1462—1472（2016）]。对加拿大一个岛屿上 1000 多人的族群调查发现，从 18 世纪到现在，妇女的首次生育年龄从 26 岁降到了 22 岁。这个族群相对稳定，各个家庭的社会地位、收入、教育程度和宗教信仰也高度一致，故能够尽可能排除社会经济因素对生育年龄的影响。这说明这个族群的基因在 300 多年间得到了显著的自然选择 [Emmanuel Milot et al.，*PNAS*，108，17040—17045（2011）]。——译者注

达尔文理论的常见解释可能会使你产生一种忧郁的、丧气的观点，认为在进化过程中，生物显然处于被动位置。在“遗传物质”基因组内自发产生了突变。我们有理由相信，引起这些突变的主要就是物理学家所谓的热力学上的涨落。换句话说，也就是纯粹靠概率。个体完全无法影响从亲代那里获得的遗传物质，也无法决定可以给后代遗传什么。而“自然选择，适者生存”则作用于这些突变之上。这也似乎全靠概率，因为这意味着有利突变可以提高个体存活并产下后代的机会，因此这个个体也就可以把突变传递给后代。除了遗传，生物个体在一生之中的行为似乎与生物学毫不相关。因为所有这一切都对后代没有影响：习得性的特性并不能被遗传。生物获得的所有训练和技能都不会留下任何痕迹。个体一死，它们也随之灰飞烟灭，并不会被传递给后代。这种情况下，智慧生命会发现，原来大自然并不愿意和自己合作。大自然独断专裁，使得生物个体毫无作为，简直就是虚无。

正如你所知，达尔文的理论并不是第一个系统解释进化的理论。在此之前还有拉马克[①]的理论。拉马克理论的基本假设是，在生殖之前，生物个体从特定环境或行为中获得的任何新特性，基本都能传递给其后代。即使不能完整地传递，也至少能够留下一些印记。因此，如果动物生活在石质或沙质土壤上，并获得了

① 拉马克（Lamarck），法国博物学家。他著名的进化学说可以总结为“用进废退”和“获得性遗传”，后被达尔文所批判。——译者注

保护脚底的老茧，这种老茧就会逐渐成为可遗传的特质，而后代就会得到这个馈赠，无须再通过努力获取。同样的道理，任何器官因为持续执行某种功能而获得的力量、技巧乃至重大变化也不会丢失，而且至少可以部分传递给后代。这种观点非常简明地解释了为何每种生物对环境的适应性都细致且独特得令人惊叹。不仅如此，这种观点本身也非常美妙，令人欢欣鼓舞。和达尔文主义那种令人丧气的被动选择相比，拉马克的理论无疑吸引人得多。在拉马克的理论下，将自己视为漫长的进化之链上的一环的智慧生物可以自信地认为，它为了不断提升身心的能力所做出的努力、所付出的艰辛，在生物学意义上不会白费，而会成为点滴涓流，凝聚成推动整个物种日臻完美的力量。很可惜，拉马克的学说站不住脚。作为这个理论的基本假设，获得性性状可以遗传是错误的。我们现在认识到，它们无法遗传。进化的每一小步都来自偶然产生的自发突变，它们与生物个体一生的行为没有任何关系。因此，我们只能回到达尔文的理论，回到我之前描述的那种令人灰心丧气的状态。

行为影响选择

现在，我希望向你们展现，情况并没那么糟。无须改变达尔文进化论的基本假设，我们就能发现，生物个体运用自身能力的行为能在进化中起到作用，甚至是最关键的作用。生物的任何器官、特性、能力或者身体特征，都是生物的特性。一方面，生物会把这些特性用在实际有利的地方；另一方面，这些特性会在代际之间进化，从而逐步改进它们的有利之处。这两者之间存在无法割舍的联系。这是拉马克观点的一个内核。要我说，这种使用和改进之间的联系是拉马克学说中正确的部分，而且仍然保留在达尔文的观点中。只不过你若是对达尔文的理论只有粗浅的认识，很容易忽略这一点。事物的进程几乎和拉马克的描述一模一样，以至于显得拉马克学说似乎是对的。但是在达尔文的理论中，这种进程的发生“机制”要比拉马克想象的复杂得多。想要解释或者领悟这一点并不容易，所以我有必要先总结一下结论。为了避免含混不清，就让我们拿器官来做考察对象吧，虽然考察的对象可以是任何特性、习性、工具、行为，甚至是对这些特性的任何微小的附加或改动。拉马克认为，器官首先被使用，然后进化，然后这种进化就传递给后代。这是错误的。我们必须这么看：首先，器官有发生变化的概率。随后，通过自然选择，有利的效果得到累积，或者至少更为流行。最后，这种效果在一代一代生物之间持续下去，得到选择的突变形成了持续不断的进化。朱利安·赫胥黎认为，如果最初启动这个过程的变化并不是真正的突变，也即并非可遗传的类型，这就出现了达尔文理论和拉马克学说最为引人注目的相似情况。这种变化如果有利，它们可能会得到赫胥黎所谓的“器官选择”，一旦遇到了“有利”方向上的突变，前面这种变化就会做好准备，随即留住真正的突变。

现在让我们来做更详细的探讨。变化、突变或者突变加上一点点选择，就可以产生新特性，或者改变已有的特性。最重要的一点在于，这些新特性或者特性的变化，可能很容易导致生物在环境中做出某些行为，并通过这些行为倾向让这种特征变得更有用，从而“固定”住对这种特性的选择。在应对这些新特性或者被改变过的特性的过程中，生物个体也许会因此而改变环境——要么通过具体的改造，要么通过迁移—— 或者生物个体也可能因此改变它在环境中的行为。所有这些都是为了使这种新特性更加有用，从而加速未来在相同方向上的选择性进化。

你可能会惊讶地觉得，这个断言可真大胆啊，因为它似乎要求生物个体行动带有目的，乃至具有高等智力。但是我希望表达的观点是，我的结论绝不仅限于高等动物，虽然它当然包含高等动物的有智慧、有意图的行为。让我们来看几个简单的例子：

一个种群中，并不是所有个体都会面对完全一样的环境。一种野生的花，有些正好长在阴影中，有些正好照得到阳光，有些长在高耸的山坡上，有些长在低洼的峡谷里。一种突变，比如说毛茸茸的叶子，在高海拔地区比较有利。[1] 故而这种突变在山坡上

① 毛茸茸的叶子可以避免植物的器官遭受霜冻，还可以削弱蒸腾作用，减少水分流失。——译者注

可能会得到自然选择的青睐，但是在谷地里就“丢失”了。这种效果就好像毛茸茸的叶子的突变体迁移到了可以促进突变在相同方向上继续发展的环境中。

另一个例子：飞行能力使得鸟类可以在高高的树上筑巢，好让幼崽避开某些天敌。一开始，拥有这些能力的鸟类就具有进化上的优势。第二步，这样的巢穴就注定会选择出更善飞翔的幼鸟。因此，一定的飞行能力就改变了环境，或曰鸟儿在环境中的行为，而这种改变则有利于继续积累同样的能力。

生命最显著的特征就是分为了许许多多的物种。很多生物都拥有极其特殊且复杂的行为，并依靠这些特殊的能力生存下去。动物园就像是珍禽异兽的大展会，而且如果能够再展现出昆虫的生命发展史的话，展会注定会变得更加丰富多彩。在这里，主流规则是拥有使人感叹“要是大自然没有创造出这些，没人能想得到这么干”的特殊能力，没有特点反倒是异类。很难相信，这些特殊能力都来自达尔文的“偶然累积”。无论是否愿意，你都会觉得，生物总是倾向于偏离“简单直接”，而朝向某个复杂的方向变化。“简单直接”似乎代表了一种不稳定的状态。好像一旦偏离这种状态，就会有力量推动它在同一个方向上继续偏离下去。人们习惯于用达尔文独创的概念来思考，但你会很难理解，任何特殊的工具、机制、器官、有用的行为等，竟是由一长串相互独立的随机事件产生的。实际上，我相信，这样的情况只会发生在刚开始在“某个方向”迈出的一小步。借助自然选择，这一小步为自身创造了一种条件，朝着刚起步的优势方向越来越系统地“捶打可塑材料”。你可以打这么个比方：物种找到了可以使自己生存下去的方向，并且追求之。

伪拉马克主义

随机发生的突变赋予了生物个体某些优势，并使其在特定环境中更容易生存。但是为什么随机突变看上去还有更大的本领，能够使得优势被更频繁地利用，以便将环境的选择性影响集中到自己身上呢？我们必须在整体层面上尝试理解这件事情，而且不能将其解释为万物有灵。

为了揭示这种机制，让我们把环境视为一系列有利和不利条件的集合。有利条件包括食物、水源、栖息地、阳光等，不利条件则有来自其他生物的威胁（天敌）、毒素以及恶劣的环境。简单来讲，我们把前一类条件称为“需求”，后一类条件称为“危害”。并不是每一项需求都能够得到，也不是每一种危害都能够避免。但是生物必须获得某种行为，使其既能躲避最致命的危害，又要从最容易获得的资源中满足最迫切的需求。只有在这两者之间找到平衡，生物才能生存下去。某个有利突变会使得某些资源更容易获得，或者减轻了某些危害的威胁，或者两者皆有之。因此，拥有这种突变的生物个体提高了生存机会。但是除此之外，它也改变了这些需求和危害之间的相对强弱，从而改变了之前的最佳平衡。因此，不管是靠运气还是靠智慧，改变其行为的生物个体都将会变得更有优势，从而被选择出来。虽然行为的改变并不会通过基因组直接遗传给后代，但是这并不代表行为不能传递。最简单的、最浅显的例子就是那些长出了毛茸茸的叶子的（长满山坡的）花朵。这些毛茸茸的突变体，在地势较高的地带最有优势。它们在这些地带播撒种子，使得从整体上来看，下一代“毛茸茸”的花朵就好像“爬上了山坡，以便更好地使用它们有利的突变。”

你必须牢记，在所有这些考量中，整体情形一般来说都极为动态，斗争也十分胶着。有些种群繁殖很多，但整体数量并不会明显增长。对它们来说，危害往往要比需求更强大，导致只有少数个体能存活下来。更何况，危害和需求往往相伴相生，因此为了获得紧要的需求，只能选择直面某种危害。（例如，羚羊必须到河边饮水，但是狮子也知道守在河边。）危害和需求之间以复杂的方式交织在一起。因此，对于那些通过挑战某种危害来躲避其他危害的突变体来说，如果有一种突变能稍稍削弱这种危害，就可能会对它们产生很大的影响。这可能带来的显著选择，不仅仅与对应的基因结构有关，还和使用这种基因结构的技能有关，无论这种技能是个体希望得到的，还是偶然得到的。普遍意义上，这类行为可以通过学习来传递给后代。反过来，行为的改变也使得相同方向上的后续突变更容易被选择。

这种效果表现出来，和拉马克描绘的机制非常相似。虽然不论是获得性的行为，还是行为所涉及的任何身体上的改变，都不会直接遗传给后代，但是行为在进化过程中扮演了重要作用。不过，其中的因果关系并不是拉马克所想的那样，而是反过来的。并不是说，行为改变了亲代的体格，然后子代的身体也遗传到了这种变化。而是亲代在体格上的变化，通过直接或间接的选择，改变了它们的行为。而这种行为的改变，通过示范、教学甚至更原始的方式，连同由基因组携带着的体格变化，一起传递给了子代。而且，即使体格上的变化并不能遗传，通过“教学”方式来传递变化导致的行为，也是很有效的进化因素。这为迎接未来的可遗传突变打开了大门，使得后代随时准备好好利用这些突变。于是，突变就很容易得到选择。

习性和技能的遗传固定

有人可能会反对我们，认为方才描述的情形可能偶尔会发生，但不会一直持续下去并成为适应性进化的基本机制。因为行为的变化本身并不会通过身体遗传，即通过遗传物质染色体传递给后代。因此可以肯定，这种行为的变化在一开始并没有被基因固定下来，而且也很难理解这种变化到底是怎么融合进遗传物质之中的。这个问题本身就十分重要。因为我们很清楚，习性可以遗传。鸟儿会筑巢，猫狗会清洁身体，这些都是显而易见的例子。如果达尔文的理论解释不了这件事，那它就该被淘汰了。对人类来说，这个问题尤为重要，因为我们希望能推断出，个人在一生中的辛勤奋斗，可以为人类整体在生物学意义上的进化做出贡献。简单来讲，我相信下文的描述可以实现这个推断。

根据我们的假设，体格和行为的改变会同时发生。初开始，体格上的偶然变化导致了行为的变化，但是很快，行为就会把生物的后续选择领入确定的方向。这是因为，行为既然已经初步表现出其有利之处，后续的突变就只有发生在相同方向上，才能有被选择的价值。但是（请允许我这么说）随着新器官的发育，行为和器官的联系变得越来越紧密。行为和身体合二为一。如果你不去劳作，就不会拥有一双巧手，要不然，你的手反而会碍手碍脚（就像舞台上的业余演员只会做假动作一样）。你如果不努力飞翔，就不会拥有强健的翅膀。你如果不去模仿周围的声音，就不会拥有一个精致的发声器官。生物既拥有器官，也有使用器官并熟能生巧的强烈愿望，把它们视为器官的两种不同的特性，这只是人为的强行划分，只不过是空洞的语言罢了。自然界中找不到这种对应。当然，我们不能认为“行为”最终一定会逐渐进入染色体的结构（或诸如此类的东西）中，并成为“基因座”，而是新器官本身（它们的确被基因固定了下来）携带有与之相称的习性和使用方式。如果生物不能自始至终地有效使用器官，如果自然选择缺少了这种帮助，那它就没有能力“创造出”新器官。这点非常重要。因此，这两件事情并行向前，并最终（或者在每一个阶段）合二为一，在遗传上被固定成为**一个使用过的器官**——就好像拉马克说的是对的那样。[①]

把这种自然过程和人类制造仪器的过程做比较将会很有启发。乍一看，这两者之间区别很明显。假设我们要制造一台精巧的仪器。如果我们缺乏耐心，在制作完成之前就想不停地试用，那我们多半会把它搞坏。而你可能会说，大自然的策略不一样。大自然如果不持续地使用、观察、检验其有效性，就无法产生出新的生物及其器官。但实际上不能这么类比。人类制造一台仪器的过程应当与个体发育对应。这是生命个体从萌芽到成熟的生长阶段，过多的干扰对这个过程并没有好处。年幼的个体必须得到保护。在它们获得这个物种的全部力量和技能之前，不应该让它们独立工作。真正意义上，可以用诸如自行车的发展史这类

① 薛定谔的这个说法也有些绝对。有很多生物的性状、器官不仅不是由自然环境选择出来的，甚至还会提高自身在自然环境中的危险系数。例如雄鹿笨重的鹿角以及雄孔雀鲜艳的尾羽——这让它们更容易被天敌发现，也使自身行动更为不便。然而，这些特征能使得雄性更容易吸引雌性，从而提升繁殖上的优势。这就是英国统计学家罗纳德·费希尔（Ronald Ficher）提出的“失控假说”（runaway model）。在这种情况下，对性状或器官进行选择的是这个物种自己的行为（性别选择），而不是自然环境。——译者注

展览来类比生物进化。展览可以呈现自行车每一年、每个年代的变化。同样的，火车发动机、汽车、飞机、打字机等的发展史也行。关键在于，和自然过程一样，我们所考察的器械也必须不断被使用才能得到改进。而且实现这些改进靠的并不是单纯地使用，而是在使用中获得的经验以及改进的建议。对了，自行车的例子对应了上文提到的古老生物。它已经几近完美，因此基本上不再会继续变化了。当然，它也并不会就因此消失！

智力进化的危险

现在让我们回到本章开头的问题。我们问：人类是否还有可能继续生物学上的进化？我认为，我们的讨论已经引出了两个相关论点。

第一点就是行为在生物学上的重要性。虽然行为本身不会遗传，但行为能够顺应与生俱来的功能以及环境，并且在这些因素发生变化时做出调整。因此，行为就可能成倍加速进化的过程。尽管植物以及低等动物要通过缓慢的选择过程，也即不断试错来获得适当的行为，人类却能借助高度的智力来选择自己的行为。这是无与伦比的优势。人类种群的扩张缓慢且相对零散，而且为了避免生物学上的危险，我们又把后代的数量控制在生活资源可以保障的范围内，这进一步降低了种群扩张的速度。不过，人类的智力优势也许可以轻松地弥补上述不足。

人类在生物学上是否还会进化呢？这个问题的第二点与第一点紧密相关。可以这么说，完整的答案就是：这取决于我们的行动。我们不能坐以待毙，不能认为命运决定了事件的走向，无法改变。我们想要什么，就必须行动起来。如果我们不行动，就得不到想要的东西。一如政治和社会的发展以及历史事件的演进，它们并不是由命运之轮强加给我们的，而在很大程度上取决于我们自己的行为。人类的生物学未来，不过就是时间跨度很大的历史。因此，我们绝不能认为它是无法改变的命运，是某种自然定律事先决定好的。假如有什么超级生命，看待我们就像我们看待鸟儿和蚂蚁那样，那在它们眼里这也许确实是命运。但即便如此，人类作为舞台上的主角，也绝不能认为它是命运。那为什么无论在狭义上还是广义上，人们都倾向于认为历史是由命运决定的，是由他无法改变的规则和定律决定的呢？原因很显然。因为在历史面前，每个人都觉得他自己人微言轻，除非他有能力把自己的观点凌驾于许多人之上，说服他们，并且控制他们的行为。

说到保障人类生物学未来所需要的具体行动，我只想提一下我认为最重要的一点。我相信，现阶段的人类已经快要错过“通往完美的道路”了。上文已经讲过，自然选择是生物学进化必不可少的条件。如果没有了选择，进化就停止了；不仅停止，还可能退化。引用朱利安·赫胥黎的话：“退行性（丢失的）突变太多，就会造成器官退化；而器官一旦变得没用，自然选择就不再对它起作用，并使其继续保持进化的痕迹。”

如今，制造业的机械化程度不断提高，而绝大多数生产过程则使人“变蠢”。我认为，这种趋势中会使我们的智力器官普遍退化，危害重大。手工业不断衰退，而生产线上单调重复的劳动则越来越普遍。这样下去，心灵手巧的工人和反应迟钝的工人之间就越来越显示不出差别。因此，聪明的头脑、灵巧的双手和敏锐的眼睛将变得越来越没有用。不聪明的人当然会更受欢迎，因为这些人自然会觉得枯燥的工作做起来更简单；这样的人很可能更容易安居乐业并繁衍后代。这种结果很容易就会导致对才华和天赋的负面选择。

面对现代工业社会的艰辛生活，一些帮助人们减轻劳苦的组织应运而生。例如保护工人不受剥削，提供失业保障，还有许多其他的社会福利和保险措施。这些的确大有裨益，也在变得不可或缺。但我们不能无视这个事实，即这种做法减少了个人需要对自己负的责任，使得所有人都有平等的机会。这样做也容易减少才能上的竞争，从而给人的生物学进化猛踩了一脚刹车。我明白，这个观点会引起很大的争议。有人会举出很有力的论据，说明我们应当更优先地关心当前的社会福利，而不是担心人类未来的进化。但幸运的是，我相信这两者在我的主要观点中可以得到统一。在需求之外，无聊已经成为人类生活中最大的麻烦。我们不该把我们发明的精巧机器用来不停地生产越来越多的奢华。相反，机器的设计应该是为了把人从一切纯体力的、机械的、“像机器一样的”操作中解放出来。应当让机器来做那些人类已经太熟练的工作，而不是由人来替机器完成成本太高的工作——后者正是现在常见的情况。这么做不会让产品更便宜，但会让生产者更快乐。可是只要全世界的大公司之间竞争不断，这个目标就没什么希望实现。但是这种竞争很没意思，因为这在生物学上毫无价值。我们的目标应该是恢复个人之间有趣的、智力上的竞争。①

① 在这一段中，薛定谔展现出对人类生存状况的关切。他准确地觉察到资本主义的发展和大规模机器生产对人的“物化”，对劳动者的残酷剥削。他对人机关系的观点，即使放到当下来看，仍然掷地有声。但是，他把“智力”视为评价人“优劣”的标准，显得过于单一。事实上，生产力的发展以及社会保障和福利制度的完善，会使每个人都拥有更多的选择机会，而不是更少。这更能够为所有人的自我发展和完善创造合适的条件和环境。因此，这么做并不会“给人的生物学进化猛踩了一脚刹车”。此外，他将短短几百年的现代文明视为“人类进化的大敌”的看法也比较短视。因为，人类现代科技的发展速度已经远远超过自然选择下的物种进化。薛定谔所处的时代距离工业革命不过 200 多年，这 200 多年间人类生产方式的转变，并不会立即使全人类变得更“愚蠢”——且不论从薛定谔到现在不到百年，我们的生产方式又已经天翻地覆了。当然，在更长的时间尺度（万年）上，人类的进化一直没有停止。有研究表明，和史前时代的人类祖先相比，现代人的脑容量似乎变小了 [Maciej Henneberg，*Human Biology*，60，395—405（1988）]。但脑容量并非衡量智力水平的可靠标准。——译者注

第三章

客观性原则

九年前，我提出了科学方法的两大基础原则，即大自然的可理解性原则和客观性原则。从那以后，我多次提及这个话题。最近一次是在我的小书《自然和希腊人》[1]中。在此，我希望详细讨论一下第二个原则，即客观性原则。我从一些针对那本书的评论中了解到，有可能出现一种误解。在我对这个原则做出解释之前，请让我澄清一下这种误解，虽然我觉得我早在那本书的开头就澄清过了。这个误解就是：有些人似乎觉得，我写那本书的目的是规定科学方法**应该**以什么基本原则作为基础，或者至少在规定应该不惜一切代价去坚持哪些公正合理的科学基础。但我的意思根本不是这样。我一再强调，我只不过是陈述它们**是**科学方法的基础这个事实。顺便提一下，这两个原则传承自古希腊人，他们是所有的西方科学和科学思想的源头。

出现这种误解并不意外。如果你听到科学家宣称了科学的基本原则，并强调其中的两点尤为基本、尤为古老，你自然而然会

---

① Cambridge University Pres， 1954。

觉得，这至少说明他格外看好这两个原则，并希望能说服其他人。但另一方面，你会发现，科学从来不强求什么。科学只是**陈述**。科学的目标是正确、合适地描述客观事物，除此之外别无他求。科学家只向自己和其他科学家严格要求两件事，即真相和真诚。在目前的讨论中，客观的研究对象就是科学本身，就是科学在当前已经发展成为的样子，而不是科学**应该**成为的样子，或者未来**应该**发展成的样子。

现在就让我们来谈一谈这两条原则。针对第一条“大自然可以被理解”的原则，我这里只想简单说几句。最令人惊讶的是，这条原则必须被发明出来，而且它的发明绝对有必要。这条原则来源于米利都学派，即**自然哲学派**。[①] 从那时起，这条原则就没有变过，虽然它可能并没有完全不受外界影响。现代物理学可能就会对它产生很大的冲击。物理学中的不确定性原理表明，大自然

---

① 自然哲学派（Physiologoi，φυσιολόγοι），古希腊哲学流派，主要研究自然现象。因为它发源于爱奥尼亚的米利都，又被称为米利都学派或者爱奥尼亚学派。代表人物有泰勒斯、阿那克西美尼、阿那克西曼德、赫拉克利特、阿那克萨戈拉等人。上文第一章提到“物活论”时，已经谈到过他们。——译者注

缺少严格的因果关系。[1]这就可能部分抛弃了这条原则，离它更远了。这个话题讨论下去会很有趣，但是我在这里打定主意了想要讨论另一条原则，我把它叫作客观性原则。

我所说的客观性原则，也经常被称为我们身边的“真实世界假设”。我认为这是我们为了理解大自然无限复杂的问题而采取的某种简化。在努力理解大自然的过程中，我们从中移除了主观认识（Subject of Cognizance）。我们甚至没有觉察到自己在这么做，也没有严格地、系统地考虑过为什么要这么做。我们自己往后退一步，变成了不属于这个世界的旁观者，而通过这种特殊手段，这个世界就变成了一个客观世界。但面对以下两种情况时，这种方法却受到了限制。我从自己的知觉、感知和记忆构建出了客观世界，但与我的精神活动直接紧密相关的身体，首先就是这客观世界的一部分。其次，其他人的身体也是这个客观世界的一部分。我有充分的理由相信，其他人的身体也和意识领域联系在

① 薛定谔处在量子力学的奠基时期。当时的物理学家对“因果律”的关注，主要集中在准确预测粒子或体系的运动状态和轨迹上。海森堡和玻恩提出的“不确定性原理”，从本质上阻止了我们准确测量体系的运动状态。所以许多人的世界观才受到冲击。但人们当时之所以会关心这些问题，说到底还是受了牛顿经典力学和“决定论”的影响（参见上一章对“隐变量假说”的注释）。而现代物理学家所讨论的因果律，主要与超光速、时间倒流、能量和信息的传递等问题有关。这些问题涉及狭义相对论（见本书后文薛定谔对爱因斯坦时空观的介绍），而量子力学与狭义相对论并不矛盾，甚至还有相关的分支“相对论量子力学”。虽然量子力学允许非局域的超距作用（量子纠缠），但你并不能通过量子纠缠实现信息的超光速传递。因此，从这个意义上来说，量子力学不违背“因果律”。——译者注

一起。我没有理由对他人的意识领域的存在和真实性表示怀疑，然而我也绝对无法主观地、直接地进入任何其他人的意识。因此，我倾向于把它们视为客观事物，也构成了我身旁这个真实世界的一部分。而且，我和其他人没有本质区别；恰恰相反，我们在意图和目标上都是完全对等的。既然如此，我就能总结出，我自己也是我身旁这个真实的物质世界的一部分。如此说来，我就把自己的感情（它把这个世界构建为精神产物）放回了这个世界——前面这一步步的错误推论导致了灾难性的逻辑后果。我们要逐一指出其中的错误；但现在请先让我只谈两个最明显的悖论。出现这两个悖论是因为，我们没有认识到，只有把我们自己移除出去，退回到一个毫不相关的旁观者的角色，以此为高昂的代价，才能得到一个差强人意的世界图景。

你会惊讶地发现，我们的世界图景"无色、冰冷、无声"。这是第一个悖论。色彩、声音、冷和热都是人的直接感觉。怪不得，在摒弃了个人精神世界的世界模型中，它们不复存在。

第二个悖论就是，我们苦苦探索心灵与物质相互作用的地点，却毫无建树。查尔斯·谢灵顿爵士[①]的真诚探索向大众普及了这些努力。《人与自然》这本书详尽地阐述了这些努力。构建

① 查尔斯·谢灵顿爵士（Sir Charles Sherrington），英国神经生理学家、组织学家、细菌学家和病理学家。1932年诺贝尔生理学或医学奖获得者之一。——译者注

物质世界的代价是排除我们自身，也即排除自身的心灵；心灵不属于物质世界。因此，心灵显然既不能作用于世界，也不能被世界中的任何部分所作用。(斯宾诺莎非常精炼地陈述了这一点，见本章后面的段落。)

我想再更详细地谈一谈刚才提到的要点。首先，让我引用一段 C.G. 荣格[①]论文中的一段话。我很欣慰，因为这篇论文在非常不同的语境下强调了和我相同的观点，尽管是以一种猛烈抨击的口吻。我坚持认为，从客观世界的图景中移除主观认识，是为了获得还算令人满意的世界图景所必须付出的高昂代价。相反，荣格往前跨了一步，批评我们为这个剪不断理还乱的困难情景付出代价的行为。他说道：

> 无论如何，一切科学(Wissenschaft)都是灵魂的功能，一切知识都根植于灵魂。灵魂是宇宙中最伟大的奇迹，它是世界作为客观事物的必要条件。想不到，西方世界(除了极少数例外)似乎完全认识不到此事的价值。外界的认知对象席卷而来，把认知主体推到幕后，就好像它们并不存在。[②]

---

① 卡尔·古斯塔夫·荣格(Carl Gustav Jung)，瑞士心理学家，分析心理学的创始人。荣格首次定义了“内向”和“外向”的性格类型，并指出潜意识分为个人潜意识和集体潜意识。——译者注

② Eranos Jahrbuch(1946)，p. 398。

荣格当然说得很对。他研究心理学，所以针对开头的话题，他显然比物理学家或者生理学家更为敏锐。然而我想说，一下子抛弃延续了 2000 多年的观点是很危险的。我们换来的只不过是某个特殊领域中的些许自由；虽然这个领域也很重要，但我们可能会失去一切。但是这里问题已经提出来了。新生的心理学势必需要成长空间，这使得它不得不重新审视我们刚开始的问题。这是一个艰巨的任务，我们没必要在这里解决它。我们能在这里把它指出来，就应该满足了。

我们看到，心理学家荣格把我们在世界图景中排除掉心灵的做法称为“无视灵魂”，并批评这种做法。不过，我现在想要援引几个相反的例子，或者不如说是作为他观点的补充。这些话来自更早一些的、更为谦逊的物理学和生理学的杰出代表。这些例子都表明，“科学的世界”已经如此客观，以至于没有给心灵和与心灵直接相关的感觉留下任何空间。事实就是如此。

有些读者可能会记得 A.S. 爱丁顿①的“两张写字桌”；其中一张是他熟悉的古董家具，他坐在这张桌子旁边，把胳膊放在上面。另一张则是科学意义上的物体，上面不仅没有任何感觉，而且布满了空洞。最大的部分就是空旷的空间，里面除了充斥着无

---

① 亚瑟·斯坦利·爱丁顿（Arthur Stanley Eddington），英国物理学家、数学家。他首次将爱因斯坦的相对论传播到英语世界。1919 年西非日全食，他带队前往观测并首次验证了相对论的预言，引起轰动。他还正确指出了恒星依靠核聚变而发光。——译者注

数微小的斑点外空无一物。[1] 这些斑点就是原子核和围绕它旋转的电子，但它们彼此之间的间隔始终有自身大小的 10 万倍甚至更大。在对比了这两张桌子之后，爱丁顿用他精彩的比喻手法总结道：

> 在物理世界中，我们观察熟悉生活的投影。我的影子手臂放在影子桌子上，影子墨水在影子纸张上流淌……坦率地承认物理科学对影子世界感兴趣，是近几年来最为重要的进展之一。[2]

请注意，最近的研究进展并不在于拥有这种影子属性的物理世界本身。这种观点自古有之，可以追溯到阿布德拉的德谟克利特时代，甚至更早（只不过我们无从知晓）。过去，我们自认为在研究世界本身；直到 19 世纪后半叶，才出现采用模型、图景之类的表述来构建科学概念的方法。据我所知，这种表述不会出现得更早了。

不久之后，查尔斯·谢灵顿爵士发表了他划时代的《人与自

---

① 爱丁顿比喻的意思是，原子核与电子都极其微小，只占到原子体积很小一部分。因此，原子内部其实相当“空旷”，推而广之，也就好比说由原子组成的整张桌子也非常“空旷”。——译者注

② The Nature of the Physical World（Cambridge University Press，1928），引言。

然》[①]。这本书中，作者真诚地探索了物质和心灵之间相互作用的客观证据。我强调“真诚”这个词，因为一个人确实需要极其认真诚恳的努力，才能去寻找一个他事先就笃信不存在的东西。因为在主流观点看来，并不存在这种客观证据。谢灵顿搜寻的结果，可以在原书第357页找到简要总结：

> 所有的感知都绕过心灵而去。故而在我们的物质世界之中，它比鬼魂更像鬼魂。心灵看不见，摸不着，它毫无轮廓，它不是“实体”。它无法通过感觉来确认，永远都不可能。

用我自己的话来说，这就是说：心灵使用自己的东西创造出了自然哲学家眼中的客观外部世界。但心灵必须把自身排除出去，只有通过这种简化方式，它才能够完成这项艰巨的任务。因此，观念世界中不包含它的创造者。

单纯引用只言片语并不能表现出谢灵顿不朽名著的伟大，读者需要自己去读原书。然而，我还是想引用几处更具特色的段落。

① Man on his Nature. Cambridge University Press，1940。

> 物理科学……使我们面对这样的僵局：心灵本身并不会弹钢琴——心灵本身并不能移动哪怕一根手指。（第 222 页）
>
> 于是，我们遇到了这样的僵局。心灵“如何”作用于物质呢？我们一无所知。这种矛盾使我们止步不前。我们理解错了吗？（第 232 页）

请比较这位 20 世纪的实验生理学家和 17 世纪最伟大的哲学家 B. 斯宾诺莎（伦理学，第三部分，命题 2）的结论：

> 身体不能决定心灵，使它思想，心灵也不能决定身体，使它动或静，更不能决定它使它成为任何别的东西，如果有任何别的东西的话。

僵局**就摆在这儿了**。这么说，我们其实不是我们行为的执行者吗？我觉得我们仍要为自己的行为负责，视具体情况而受到惩罚或者赞扬。但这是一个可怕的悖论。我坚持认为，当今的科学水平并不能解决这个问题。当今的科学不仅受到了“排除原则”的影响，还完全不自知。所以，当今的科学也受到这个悖论的影响。明白这一点很重要，但这并不能解决问题。你不能像议会决议那样宣布废除“排除原则”。若要解决这个问题，科学观念就必须得到重建，科学就必须要有新发展。我们需要谨慎前行。

因此，我们面临以下值得注意的情形。感觉器官和产生心灵的器官创造了我们的世界图景。也正因此，每个人的世界图景是且总是他自己心灵的产物，我们并不能证明它有其他存在形式。虽然如此，但心灵本身在这个世界之中却犹如一个陌生人，没有任何生存的空间，你无论如何都找不到它。我们一般并不会觉察到这个事实，因为我们完全习惯于认为人或动物的性格来源于身体内部。我们对身体内部并找不到性格这一点感到如此惊讶，以至于怀疑并犹豫，并不愿承认这一点。我们习惯性地认为，一个人意识的性格存在于他的脑袋之中，要我说，就是在两眼连线中点往内一到两英寸（2.5~5 厘米）的地方。在不同的情况下，那里的东西使我们感受到理解、爱和温柔，抑或是怀疑或愤怒的表情。我在想，大家有没有注意到，眼睛纯粹只是个感觉器官。在我们天真的想法里，并没有觉察到眼睛只是被动接受光线，相反，我们以为眼睛能发出“视线”，而不是等待外界的“光线”射入眼睛之中。漫画上经常可以看到这种“视线”，就是从眼睛里画出一条指向物体的虚线，虚线末端画着箭头指明方向。甚至在某些老旧的光学仪器或者光学定律的示意图上，也能找到这种“视线”。亲爱的读者，尤其是女性读者们，回想一下，当你送给孩子一件新玩具的时候，孩子的眼睛是多么明亮、雀跃啊！但是，物理学家会告诉你，孩子的眼睛中实际上并没有发出任何东西；眼睛实际上只有一个客观的、可观测的功能，就是持续不断地接收光线。实际情况好奇怪啊！我们是不是漏掉了什么东西呢?

我们很难相信，人格和意识心灵位于人体内的观点，只是为了方便实际使用，只具有象征意义。让我们结合我们已经认识到的所有知识，来仔细看看体内发生了什么吧。我们的确能在体内见到极为有趣繁忙景象，或曰机制。我们会找到数以百万计的极度分化的细胞。它们以难以分析的复杂方式排列在一起，但很明显，这种排列方式能帮助细胞实现意义深远、高度完善的相互交流与合作；有规律的电化学脉冲快速切换着状态，在神经细胞中永不停息地涌动着，从一个细胞传递到另一个。每秒钟都有成千上万个接触打开或关闭，并引起化学变化和其他可能存在但尚未被发现的变化。这些是我们已经了解到的情况，而且随着生理学的发展，可以肯定，我们还会了解更多。但现在让我们假定，在漫长而心碎的离别之际，你通过某种方式，最终观察到大脑发出了几束脉冲电流，它们通过长长的细胞突触（运动神经纤维），传导到手臂中的特定肌肉里。因此你踟蹰地举起手，颤抖着挥袖告别。与此同时，你发现还有一些脉冲电流使得泪腺分泌液体，于是你忧伤的眼睛蒙上了一层泪光。但你可以确定，无论生理学有多大的发展，在这个过程中，无论是在眼睛、手臂肌肉、泪腺、还是在神经中枢里，你都不可能找到人格所在。你永远找不到灵魂里的痛苦和哀伤，哪怕你觉得它们给你带来的伤痛是如此真切——正如你实际感受到的那样！生理学分析给予我们了解其他人的方式，例如了解我们最亲密的朋友。这使我清晰地回忆起爱伦·坡[①]的著名小说《红死病的面具》，我相信很多读者也不陌生。一位亲王和他的仆从为了躲避肆虐全国的红死病，躲到了一处偏远的城堡内。隐居了一个多星期后，他们在城堡内举办了一场盛大的化装舞会。舞会上，一个高挑的身影全身裹着红布，蒙着整张脸，一副化妆成红死病患者的样子。所有人见到这身狂妄的行头都吃了一惊，担心他是个入侵者。最后，一个勇敢的年轻人接近了这个红面具，猛地扯下他的面纱和帽子，却发现里面空无一物。

我们的头颅里并非空无一物。但无论我们对其中的事物多么感兴趣，它们都完全比不上生命和灵魂的情感。

初开始觉察到这一点时，你可能会难过。但我觉得，仔细想想，这反倒是一种慰藉。假如你非常思念一位逝去的故友，如果你注意到他的身体只不过是象征性地“仅供实际参考”，而从来都不是挚友的人格真正的栖身之所，这难道不会让你好受一些吗？

当下十分流行的量子物理学派着重强调了对主观和客观的一系列观点，这个学派的代表人物有尼尔斯·玻尔、维尔纳·海森

---

① 埃德加·爱伦·坡（Edgar Allan Poe），美国诗人、作家、编辑和文学评论家。——译者注

堡、马克斯·玻恩等人。[①]对物理科学极其感兴趣的朋友可能会希望听我谈一谈我对这些观点的评价。我就把我的评价作为上述考察之后的补充吧。让我先向你们简单描述一下量子物理学派的观点，如下所述[②]：

在不“接触”某个自然物体（或曰物理系统）的情况下，我们无法获取这个系统的任何事实陈述。这种“接触”是实打实的物理作用。哪怕我们只是“看一眼”，我们也需要用光照射研究对象，并让反射光进入人眼或者某台观测仪器之中。这意味着研究对象受到了我们观测的影响。你只要想获得研究对象的信息，就没法把它完全孤立。这个理论进而断言，这种干扰既不是无关的，又没法完全被探测到。因此，无论我们努力观测多少次，被观测对象总有一些特征（最后观测的）是我们能获得的，而另一些（那些被最后一次观测所干扰的）特征我们却无法获得，或者

---

① 这几位都是量子力学的领军人物。尼尔斯·玻尔（Niels Bohr），丹麦物理学家。首次将量子假设引入氢原子模型并成功解释了氢原子光谱。维尔纳·海森堡（Werner Heisenberg）和马克斯·玻恩（Max Born）均为德国物理学家，共同创立了“矩阵力学”，与薛定谔所创的“波动力学”采用了不同的数学形式，但实质等价。他们还提出了著名的“不确定性原理”，不仅对物理学界，也对哲学界产生了深远的影响。下文就是薛定谔对“不确定性原理”的简单介绍。——译者注

② 见我的书《科学和人文》（Science and Humanism，Cambridge University Press，1951），第49页。

无法准确获得的。[①]这种现象解释了，为什么我们永远无法对一个物理系统做出全面、无死角的描述。

我们很可能不得不承认这一点，但要是承认了这一点，那么大自然的可理解性就成了大问题。这本身并不是什么责难。我一开始就讲了，我提出科学的两个原则，并不是为了束缚科学。它们只是表达了我们几千年来，在物理科学中都坚持了什么，有哪些原则不能轻易改变。我个人并不确定我们当今的认识是否足以支持这种改变。我认为，我们也许可以修改物理模型，使得它们在任何时候都不会出现原则上无法被同时观测的性质。这样的模型会更不擅长处理同时发生的性质，但是却更善于适应变化的环

---

① 严格来说，薛定谔给出的通俗解释并不准确。因此，请读者将其理解为一种修辞。这种解释方式也常常被称为“测不准”原理，最初来自海森堡为了介绍“不确定性原理”而所做的思想实验。在海森堡的思想实验中，他先将电子视为经典物理学中的粒子，并通过计算来自观察者的“光子”撞击电子时产生的反冲，来说明电子的位置受到观察者的影响，从而“测不准”。然而，这个思想仍旧基于经典物理，与量子力学的实际图景并不相符。量子力学中粒子的位置和动量本身就具有“概率分布”，这种概率属性是内禀的、先验的，并不依赖于该粒子是否被测量。此外，“不确定性原理”并不是说一切物理量都不能严格、精确地测量。相反，它严格规定了哪些物理量可以同时、精确地被测量，而哪些则不行。例如，微观粒子的位置和速度（动量）是无法同时被精确测量的，但是微观粒子的总角动量和它在某一个轴上的角动量分量可以**严格地、精确地同时**被测量到。——译者注

境。[1]不过，这些只是物理学内部的问题，并不是本书现在要解决的问题。但从刚才解释过的理论看，测量仪器不可避免地会对被观测物体产生干扰，而且这种干扰还无法被探测。这就揭示出了主观和客观的关系在认识论本质上的一个重要结论。这表明，物理学的最新发现已经推进到了主观和客观之间的神秘界线。我们发现，这个界限完全不是一个分明的界线。我们认识到，只要我们进行观测，被观测的对象就会发生变化，或者受到我们观测行为的影响。我们认识到，在我们对观测方法的不断改进和对实验结果的思考之中，这种主观和客观之间的神秘界线已经被打破了。[2]

为了批评上述观点，让我首先接受客观和主观之间泾渭分明

---

① 对于量子力学所展现出的神秘的随机性，以爱因斯坦为代表的一些物理学家并不愿意接受。爱因斯坦曾打过这样的比方："上帝不掷骰子"。他们认为，在看似随机的量子力学背后，一定隐藏着某种人类尚无能力观察到的确定性关系，这种看不见的关系表现出了假的随机性。这就是爱因斯坦穷其一生想探明的"隐变量"假说。不过，1964年，物理学家约翰·贝尔提出"贝尔定理"，指出任何形式的"局域隐变量"都与量子力学不相容。他还提出了著名的"贝尔不等式"，使得是否存在"局域隐变量"可以用实验来检验。之后，不断的实验结果都表明"局域隐变量"不存在，爱因斯坦是错的。2015年，最新、最严谨的实验仍然支持这个结论〔B. Hensen et al., *Nature*, 526, 682—686（2015）〕。因此，薛定谔"修改物理模型"的设想很可能没法实现，大自然在本质上就是基于概率的。——译者注

② 美国物理学家约翰·惠勒（John Wheeler）也有类似的观点，他提出了"参与性宇宙"（participatory universe）的概念：即我们所观测到的世界正是由于我们的观测而存在。这种思路可以某种程度上解释"人择原理"。惠勒虽然与薛定谔观点相似，但惠勒的深刻之处在于，他并没有把带有主观性的"意识"视为关键。他认为重要的是"信息"，并提出了"万物源于比特（It from bit）"的说法，这里的"比特"就是指信息。——译者注

的神圣观点。古代思想家普遍接受这个观点，而且近代思想家也仍然如此。从阿布德拉的德谟克利特到“柯尼斯堡的老人”康德[①]，在接受这种区别的哲学家中，几乎没有人不强调，我们的一切知觉、感知和观察都带有强烈的个人主观色彩。用康德的术语来说，它们并不会呈现出“物自体”的本质。[②]虽然其中一些人的思想或多或少存在曲解，康德却让我们彻底放弃了：我们完全无法得知“物自体”是个什么东西。因此，一切表象皆为主观的观点由来已久，我们耳熟能详。现在，新增的内容是：环境给我们留下的印象，很大程度上由我们感觉中枢的特性和偶然性决定。不仅如此，环境反过来也被我们的观察所改变，尤其是被我们拿来观察环境的设备所改变。

这也许是对的——某种程度上确实如此。根据最新发现的量子物理学定律，我们也许无法把这种对环境的改变减弱到某个可精确测量的限定值之下。不过，我仍然不想将其视为主观对客观的直接影响。因为主观指的是知觉和思维。知觉和思维并不属于“拥有能量的世界”[③]。正如斯宾诺莎和查尔斯·谢灵顿爵士所说，

---

① 康德出生于柯尼斯堡（今俄罗斯的加里宁格勒）。——译者注

② “物自体”（德语：Ding an sich）是康德提出的哲学概念。康德认为，我们对客观世界的了解只能通过感知，而通过感知所得到的经验只是表象。在这个客观世界的表象背后，就是“物自体”。我们只能感受到物自体对感知产生的影响，而对它本身一无所知。——译者注

③ 即物质世界。——译者注

它们并不能改变这个拥有能量的世界。

所有这些的前提都是我们要承认主观和客观之间存在泾渭分明的区别。虽然在日常生活中，我们必须“为了实用”而接受这种区别，但我认为我们应当在哲学思考中抛弃这种区别。康德已经用深邃但空洞的“物自体”的概念，揭示了这种区别在严格的逻辑推演下导致的结果。我们永远对“物自体”一无所知。

我的心灵和我心灵中的世界由相同的元素组成。每个人的心灵和他心灵中的世界也都一样，尽管有许多“相互映照”的情况我们难以了解。我的世界只有一个，而不是分为存在和感知两个世界。主观和客观是一体的。当今物理科学取得的成果并不能说明主客观之间的区别已经被打破了，因为它们之间的区别本来就不存在。

第四章

算术上的矛盾：心灵的单一性

在科学的世界图景中，我们找不到自我的知觉、感知和思维。其中的原因可以简单概括为七个字：它与世界为一体。既然自我和世界是同一件事，当然就无法在部分中找到整体。但是，我们在这里显然遇到了一个算术上的矛盾；有意识的自我好像有千千万，但世界却只有一个。这个矛盾源于创造出世界这个概念的方式。每个人"私有的"意识之间可能会有一些重叠的领域。所有人都重叠的部分就创造出了"围绕我们的真实世界"这个概念。尽管如此，我们仍感到不安；我们要问：你我的世界确实一样吗？有没有一个真正的世界，它和借助感知进入我们每个人心灵中的图景不一样？如果真是这样的话，那我们的世界图景和这个真正的世界一样吗？还是说，世界"本身"有可能与我们所感知到的非常不同？

这些问题很标新立异，但我认为它们很容易给我们造成困扰。这些问题都没有明确的答案。它们都会从同一个源头引出矛盾，我称之为算术上的矛盾。这个矛盾就是：众多意识自我何以通过精神体验，制造出一个世界？一旦解决这个数字上的矛盾，上述问题就迎刃而解了。而且我敢说，这就能说明这些问题都不高明。

有两种方法可以解决这个数字矛盾，不过从现代科学（根植于古希腊思想，因此完完全全是“西方”视角）的角度来看，这两种方法都像是痴人说梦。其中一种方法是承认多重世界。莱布尼茨[①]提出过令人恐惧的单子概念。用他的概念表达，多重世界的意思是：每一个单子自身就是一个世界，它们相互没有任何交流；单子“没有窗户”，也“无法通信”。然而单子之间却都能通过所谓的“预先设定的和谐”相互统一。我认为很少有人会认同这种观点，更不会认为这缓和了数字上的矛盾。

很显然，剩下的另一种解决方法只能是心灵或者意识的统一。心灵只是在表面上数量众多，实际上心灵只有一个。这是《奥义书》的主旨思想。[②]而且不光是《奥义书》，人神合一的神秘

---

① 戈特弗里德·威廉·莱布尼茨（Gottfried Wilhelm Leibniz），德国数学家、哲学家。与牛顿分别独立发明了微积分，但谁先谁后至今仍有争论。哲学上，莱布尼茨提出“单子论”。提出这个哲学观点的背景是，斯宾诺莎试图用泛神论来统一世界的图景，但他未能很好地说明如何统一，因此未能完全解决意识和物质的二元对立。而莱布尼茨既想要解决二元对立，又不同意斯宾诺莎的路子，就自己开了一条“单子论”的新路。至于不同意的理由就比较有趣了：莱布尼茨认为斯宾诺莎的泛神论违背了《圣经》和基督教神学。——译者注

② 《奥义书》（Upanishads）并不是一本书，而是古印度一类哲学文献的总称。——译者注

体验通常都表达了类似的态度，除非存在强烈的偏见反对这种态度；而这也意味着这种思想在西方比在东方更不容易被接受。让我来举一个《奥义书》之外的例子，它叫作阿齐·纳萨非（Aziz Nasafi），是一则13世纪伊斯兰教的波斯神话。我在弗里茨·迈尔（Fritz Meyer）的一篇论文中找到了这个例子[①]。以下是我对他的德文译稿的转译：

> 任何活生物死亡的时候，它的灵魂就回到了灵魂世界，而它的身体则归于物质世界。然而，只有身体才会发生变化。灵魂世界就是一个灵魂。它好比是物质世界背后的一束光，无论哪个生命个体诞生之时，灵魂就像光穿过窗户一样，穿过生命的躯体。进入世界的光取决于窗户的种类和大小，但是光本身保持不变。

10年之前，奥尔德斯·赫胥黎[②]出版了一部珍贵的著作，叫作《长青哲学》[③]。这是一部多时代、多民族的神话集。翻开这本书，你会找到许多相似的美妙故事。你会惊讶于不同种族、不同宗教的人类，时间上相隔成百上千年，空间上处在地球最遥远的

---

① Eranos Jahrbuch，1946。

② 奥尔德斯·赫胥黎（Aldous Huxley），英国作家，朱利安·赫胥黎的弟弟。代表作《美丽新世界》，是三大反乌托邦小说之一。——译者注

③ Chatto and Windus，1946。

两端，完全不知道对方的存在，却能达成奇迹般的共识。

然而，必须承认，西方思想并不乐意接受这种思想，认为它是幻想的、不科学的。这正是因为我们的科学源于古希腊科学，以客观性为基础，于是便无法正确理解作为认知主体的心灵。我确信，这一点正是我们当前的思维方式中需要修正的地方，而我们也许可以从东方思想中汲取一些营养。这不是一件容易的事，我们必须留心其中的糟粕——就好像输血时总要小心翼翼地预防凝血一样。我们并不希望因此抛弃科学思想已经实现的逻辑准确性，因为这在任何时代、任何地方都是独一无二的。

不过，与莱布尼茨笔下令人生畏的单子论相反，神秘主义中关于所有心灵都彼此“相同”，以及存在超级心灵的说法，仍然有可取之处。[①] 同一性学说可以宣称，从实际经验来看，我们感知到的意识从来都是单数而不是复数，这就足以佐证它的正确性。不仅从没有人感觉到过多重意识，而且也没有任何详细证据可以表明世界上哪个地方存在过多重意识。如果我说，一个头脑中不会有超过一个心灵，这好像是在说废话——我们根本想象不出相反的情况。

---

① 薛定谔这里从东方哲学的“超级心灵”中隐约表达出的意思是，每个人都可以视为是一个局域的体系。但一旦人与环境相互作用，局域体系中的信息就会和环境形成复杂的纠缠，从而将一部分信息弥散到全局中去。这就好比每个微观粒子的波函数理论上都可以弥散到无穷远，因而每个人的心灵以及心灵中的信息，某种程度上来说也是弥散到整个宇宙的。所以，所有人的心灵就可以说是一体的，并且就是宇宙本身了。——译者注

但是，假如这种难以想象的事情真的可以发生的话，我们就能料到，它在某些情况或条件下可能甚至必须要发生。在这里，我希望展开讨论其中的细节，并引用查尔斯·谢灵顿爵士的话加以佐证。作为科学家，他既天资过人，又沉着冷静，这点极其难能可贵！据我所知，他对《奥义书》中的哲学没有任何偏见。我讨论这些的目的是给接下来的事情扫清一些障碍。接下来，我要把同一论和我们自己的科学世界观融合起来，并且这不会以失去理智和逻辑上的准确为代价。

我刚才说，我们根本无法想象一个人的心灵中会出现多个意识。我们当然可以念出“多个意识”这几个字，这完全没问题，但是这几个字并不代表任何思维体验。即使在“人格分裂”这种可怜的情况下，两个人格也是交替出现的，它们从不会同时出现；其特征就是这两个人格彼此完全不知道对方的存在。

梦境就像一场木偶戏。在梦境中，我们操控着若干不同的角色，控制着他们的行动和语言，但我们自己却觉察不到这一点。我的梦境中，只有一个角色是我自己，可以直接说话和行动。但我可能还在急切地盼望梦中的其他人能够回应我，告诉我他们是否能够满足我迫切的要求。我并没有觉得我可以让他对我言听计从——实际感觉完全不是这样。我敢说，在梦中，这类“他者”很大程度上代表了我在现实生活中遇到的重大困难，是它们的拟人化。我并不能控制梦中的“他者”。很显然，这里所描述的奇怪情况，可以解释为什么大多数古人坚信他们在梦中真的可以和他人交流，无论这些人尚在人世还是已经死去，无论他们是英雄还是神。这是一种根深蒂固的迷信。早在公元前 6 世纪末，来自以弗所的赫拉克利特[①]就旗帜鲜明地反对这种迷信，这种鲜明的态度在他晦涩的残篇之中显得十分少见。但到了公元前 1 世纪，自诩为开明思想领军人的卢克莱修·卡鲁斯[②]（Lucretius Carus），仍然相信这种迷信。如今，还抱有这种迷信的人应该不多了，但我怀疑它并没有完全绝迹。

让我们再来讨论一个相当不同的话题。比如，我认为我头脑中只有唯一的意识心灵，那它怎么会是通过我身体中的大量细胞（或部分细胞）的意识合成起来的呢？再如，在我的生命之中，意识又如何每时每刻都体现为细胞活动的结果呢？我发现我几乎完全无法理解这是如何办到的。有人会认为，每个人体内的这种“细胞共同体”正好能体现意识的多重性，假如意识的确有能力这么做的话。如今，“共同体”或者“细胞国”（德语 Zellstaat）

① 赫拉克利特（Heraclitus，Ἡράκλειτος），古希腊哲学家，辩证法的奠基人。他的哲学思想主要包括“永恒的火”“逻各斯”和“对立统一”。他认为宇宙是“永恒的火”，也就是说宇宙即是它本身。宇宙万物的运行都要遵循“逻各斯”的规律。在此规律下，每种事物都在永恒地运动、变化，可以变成自身的对立面，因此世间万物都是“对立统一”的。——译者注

② 提图斯·卢克莱修·卡鲁斯（Titus Lucretius Carus），罗马共和国末期的诗人、哲学家。他唯一传世的作品是《物性论》，是为了向罗马读者介绍伊壁鸠鲁的学说。——译者注

的表述已经不仅仅是修辞手法了。看看谢灵顿怎么说：

> 需要强调的是，组成我们身体的每个细胞，都是一个以自我为中心的生命个体。这可不是文字游戏，也不单纯是为了描述上的方便。作为身体的组成部分，细胞不仅仅具有可见的边界，并且是以自己为中心的生命单元。细胞也拥有自己的生命……细胞是生命单元，而我们的生命则完全是由许许多多这样的细胞生命团结起来形成的。[①]

不过，这个故事还可以谈得更深入更具体。对大脑的病理学研究和对感知的生理学研究明确显示，感觉中枢可以划分为多个区域，不同区域彼此之间拥有令人惊讶的独立性。这种独立性意义深远，因为这让我们觉得，这些区域应当与心灵中的独立区域相对应。但其实并非如此。举一个非常具有代表性的例子。假设你在看远处的风景。如果你先睁开双眼正常看，然后闭上左眼只用右眼看，再反过来闭上右眼只用左眼看，你不会发现有什么不同。三种情况形成的视觉景象完全相同。[②]可能的原因是，视网

① Man on his Nature，1st edn（1940），p. 73。

② 这里薛定谔犯的错误有些低级。左右眼的视差总是存在，只不过观察近物时视差更明显而已。左右眼看到的远处的风景并不完全一样，只不过区别小到难以察觉。所以视差现象恰恰符合双眼各自具有独立的视觉中枢的情形（正如下文谢灵顿的实验所证明的那样）。——译者注

膜上相关区域的神经末梢感受到了光，它们产生的神经冲动被传递到了大脑中“形成感知”的相同地点。这就好比，我家大门口的门铃和我夫人卧室里的门铃触发的都是装在厨房门顶上的那个铃。这个解释可能最为简单，但却是错误的。

谢灵顿向我们描述了频闪阈值实验。这个实验很有趣，我尽可能简短地向你们概括一下。想象一下，实验室里设有一个迷你灯塔。这个灯塔每秒能闪很多次，比如 40、60、80 甚至 100 次。随着闪烁频率逐渐上升并抵达某个特定频率，闪烁的感觉就消失了。如果观察者就是正常地用双眼观看，他就会看到连续的灯光。[①] 这个频率阈值取决于实验的具体条件。让我们假设，在某种实验条件下，这个阈值是每秒闪 60 次吧。在第二个实验中，什么都没变，只不过增加一个合适的装置，这个装置可以让闪光轮流进入右眼和左眼。这样，每只眼睛平均就只接收到每秒 30 次闪光。如果产生的视觉刺激被传导到相同的生理学中心，那就不会有任何区别：这就好比，我和我的妻子都照每两秒按一次的频率交替按门铃，我按我家大门口的门铃，她按她卧室里的门铃，那厨房里的铃铛就会每秒钟响一次。这和我们两人中只有一个人在以每秒一次的速度按门铃，或者我们两人完全同步地每秒按一次门铃效果相同。然而，第二个频闪实验的结果并非如此。给右

① 这正是电影产生连续画面的原理。

眼的每秒30次闪光，加上给左眼的每秒30次闪光，远远不足以消除闪烁的感觉；必须要把频率翻倍，也即用双眼观察时，左右眼各自需要60次闪光，才能消除闪烁的感觉。让我给你们转述一下谢灵顿的原话总结：

> 合并两个结果的并不是大脑中的空间连接……这更像是两个观察者分别看到了左眼和右眼的图像，然后这两个观察者的心灵组合成了一个心灵。仿佛左眼和右眼各自处理了图像，然后在心理上组合成一个……仿佛每一只眼睛都有独立的感觉中枢，拥有相当程度的自主性，在此之中，基于一只眼睛的精神活动已具备全面的感知能力。这就在生理学上形成了一个视觉的次级大脑，左眼和右眼各有一个。看起来，并不是结构上的连接，而是时间上的同步活动实现了左右眼在思维上的协作。

这段话之后还有推广，我仍旧摘选最有特点的段落：

> 那么，是不是各类感觉都有这种近似独立的次级大脑呢？在顶层大脑中，我们可以清晰地看到，传统的“五”种感觉各自拥有独立的空间。它们并没有相互交织融合在一起，再通过更高级的机制封装起来。通过同时感受到的体

> 验，近似独立的感知心灵在精神上整合到了一起。人的心灵在多大程度上能够被称为是这些感知心灵的集合体呢？……在“心灵”问题上，神经系统整合自身的方式，并不是把控制权集中到某个中枢细胞。相反，神经系统中数以百万计的细胞，各自都是独立的控制单元……生命整体虽然是由次级生命整合而成的，却具有累加性，显示出它其实是众多微小的生命协同工作的焦点……然而，当我们考察心灵的时候，我们完全看不到这些特性。单个神经细胞从来都不是一个微型大脑。构成身体的细胞结构并不需要体现出任何“心灵”……和由顶层大脑控制下的多层细胞结构相比，一个中枢脑细胞并不能够保证在精神上做出更为统一、更加非原子化的反应。物质和能量似乎具有颗粒状的结构，“生命”也一样，但心灵却并非如此。

我摘选了令我印象最深的章节。谢灵顿虽然对生物体内所发生的事情了如指掌，却仍然被一个悖论所困扰。他并没有试图隐藏这一点或者强行解释（不像某些人，已经这么做了或者会这么做），而是以他的坦率和学术上的绝对诚恳，直截了当地讲了出来。因为他很清楚，想要推动一个科学或哲学问题接近解决，这是唯一的方法。而如果只是用“好听”的言辞粉饰太平，你就在阻止进步，而且并没有消除悖论（悖论并不会一直得不到解决，但直到有人揪出你的问题之前，悖论就一直存在）。谢灵顿的悖论也是一个算数上的悖论，因此我相信，他的悖论和我在本章开头提到的同名矛盾有很大的关系，当然我并不是说这两个悖论一模一样。简单来讲，我之前提到的矛盾指的是，众多心灵竟能凝结出一个世界。而谢灵顿的矛盾则是说，心灵只有一个，却表现为由众多细胞生命构成，或者换句话说，由众多次级大脑构成。每个细胞生命似乎都有足够的自主性，使我们认为可以将其与一个次级心灵相关联。然而我们知道，和多重心灵一样，次级心灵也是令人恐惧的怪物——这两种情形不仅从未有人体验过，也令人难以想象。

我提议，倘若把东方哲学的同一论融入我们的西方科学之中，就可以解决这两个悖论（我并不是说现在就要立马来解决它们）。心灵的本质决定了它**只能是单数**。我应当说：心灵的总数是一。我敢说，心灵不可摧毁，因为它有一张特殊的时间表，即心灵总是**现在时**。对心灵来说，没有什么过去和将来。只有包含了记忆和期待的当下。但是我承认，我们的语言说不清楚这个概念，而且我也承认，你可以认为我现在谈论的是宗教而非科学——然而，这种宗教并没有违背科学，相反，它为公正的科学研究结果所支持。

谢灵顿说："人的心灵是我们地球最近的产物。"[1]

我自然同意这个观点。但如果去掉"人"，我就不敢苟同了。我们在第一章已经讨论过这个问题。许多较为古老的生命都没有大脑这种特殊的部件。只有某些后出现的生命才拥有大脑，而且大脑显然指挥着促进这些生命形式的行为，从而有利于它们的生存和繁衍。但是，如果把有思想、有意识的心灵，把独立反映了世界的模样的心灵，说成是必须和大脑这种特殊的生物学器官相关联，只能在世界"运行"过程中的某些时刻以依附于大脑的方式显现，这种说法即使不算荒唐透顶，也可以说是极其诡异。（如果你按物种的数量来算的话）只有一小部分生物决定"为自己搞一个大脑"。在此之前，难道都是没有观众的表演吗？或者说，无人感知的世界还能称之为世界吗？在重建消失已久的城市或者文明之时，考古学家感兴趣的是人类在过去的生活状态。当年古人的行为举止是什么样？他们如何感受、如何思考？他们有着怎样的情感，为什么事情高兴和悲伤？但是在数百万年之前，没有心灵可以感受、可以观察到这个世界，那这样的世界还是世界吗？它真的存在过吗？可别忘了，我们说意识心灵反映了世界的样子，这只不过是一种传统说法，一种我们熟知的比喻。没有什么反映，世界只出现过一次。原物和镜像是同一件

---

① Man on his Nature， p.218。

事。在时间和空间维度上展开的世界，只不过是我们的表象（德语 Vorstellung）。经验并不能给我们哪怕一丝线索，暗示世界是表象之外的其他事物——贝克莱[①]清晰地认识到了这一点。

但是世界的浪漫之处在于，在它存在的数百万年内，它机缘巧合地创造出了大脑，而大脑则将世界视为是一种几近悲剧式的连续。我还是想引用谢灵顿的话来描述它：

> 我们知道，能量宇宙一直在走向毁灭。宇宙注定要趋于平衡。平衡即是终点。平衡态下不会有生命。然而，生命还是在马不停蹄地进化。地球已经进化出生命，而且它们仍然处在进化之中。而心灵也随之进化。如果说心灵并不是一个能量系统，那宇宙的毁灭怎么会影响到它呢？心灵能够幸存下来吗？据我们目前所知，有限的心灵总要依附于某个正在运行的能量系统。这个能量系统一旦停止运行，伴随它一起运行的心灵会怎么样呢？创造它、养育它的宇宙会允许它消失吗？[②]

① 乔治·贝克莱（George Berkeley），爱尔兰哲学家，英国近代经验主义的代表人物之一。贝克莱认为，“存在即是被感知”，不存在意识之外的物理世界。美国加州大学伯克利分校所在的城市伯克利，便是因他而得名。——译者注

② Man on his Nature，p.232。

某种程度上，这种思考令人不安。意识心灵获得的这种奇怪的双重角色令我们感到困扰。一方面，心灵是一个舞台，而且是整个世界运行的唯一舞台。换句话说，心灵是一个容器，它里面装着世界，外面则什么都没有。另一方面，我们感觉到，在这繁忙的世界中，意识心灵与某种特殊的器官（大脑）相连。这也许是一种假象。大脑毫无疑问是动植物在生理学上最有意思的研究对象，但是它也并非独一无二；这是因为，大脑和其他许多器官一样，说到底也不过就是为了维持主人的生命，也只有这样，大脑才会在自然选择下的物种形成过程中不断得到进化。

有时候，画家会在他的大幅作品中引入一个配角，用来指代自己。诗人在他的长诗中也会这么做。《奥德赛》[①]中有位盲诗人，他在费埃克斯人[②]的大殿中吟唱特洛伊战争的歌曲，把这位饱受苦难的英雄感动得流下眼泪。我猜想，这位盲诗人就是荷马自己。同样的，在《尼伯龙根之歌》[③]中，在他们穿越奥地利时现身的诗人，被认为就是整部史诗的创作者。在丢勒的画作《万圣

---

① 荷马的著名史诗之一。讲述了特洛伊战争结束后，奥德修斯（Odysseus，Ὀδυσσεύς）历经十年，千辛万苦重返家园，和儿子、妻子团聚的故事。拉丁语中把奥德修斯称为“尤利西斯（Ulysses）”。——译者注

② 费埃克斯人（Phaeacian），《奥德赛》中的一个岛屿上的民族。奥德修斯在归乡途中，曾求助于他们的国王。——译者注

③ 中世纪的德国史诗。——译者注

图》[1]中，三位一体的上帝身在云端、高高在上。信徒在其周围围成两圈祈祷。这两圈信徒，一圈是天堂中的天使，另一圈则是地上的凡人，其中有国王、皇帝和教皇。但是如果我没记错的话，在人群边缘还有一个毫无存在感的小人物，那是画家的自画像。

在我看来，这是心灵令人困扰的双重角色的最佳比喻。一方面，心灵是创造整个世界的画家；但另一方面，在完成的作品中，心灵又是一个完全不重要的附属品，即使没了心灵，也不会对整体有什么损失。

如果不用比喻手法，我们可以宣称，我们在这里之所以会遇到这种典型的悖论，正是因为我们尚未成功提出一种不依赖自身心灵、又能说得通的世界观，以便把心灵这个世界图景的创造者排除出去。毕竟，只要强行加入心灵，就势必会出现奇怪的情况。

之前我已经讲到过，因为相同的原因，物理世界的图景中并不包含任何用以形成主观认识的感觉属性。物理世界的模型无色、无味，也无法触摸。同样道理，那些纯粹依赖有意识的思索、感知和情感才有意义的东西，也并不存在于科学的世界，或

---

① 丢勒（Albrecht D ü rer）是德国文艺复兴时期著名的画家。《万圣图》又名《礼拜三位一体》，描绘了众人朝拜上帝的景象。这幅画中央是上帝、圣灵和被钉在十字架上的耶稣（即希波的圣奥古斯丁提出的“三位一体”，见第 100 页注释），而朝拜的信徒则围成了天上和地上两圈。《万圣图》现存于奥地利维也纳的艺术史博物馆。——译者注

者说科学的世界不允许它们的存在。我首先指的就是伦理和美学观念，以及所有与它们相关、属于其范畴内的观念。这些观念不仅不存在，而且从纯粹科学的角度看，它们无法被有机地纳入科学的世界观。如果你试图引入这些观念，就会像小孩子给没有颜色的图画上色一样，弄得一团糟。这是因为，但凡被塞进这个世界模型中的事物，情愿也好，不情愿也罢，都必须表现为对事实做出的科学结论；这样一来就出错了。

生命本身就有价值。阿尔伯特·史怀哲[①]认为，“对生命保持恭敬”是伦理学中最基本的戒律。大自然对生命并没有恭敬之心。天地不仁，以万物为刍狗。大自然创造了无数生命，它们大部分都很快消逝了，或者成为其他生物的口中餐。这恰恰是不断创造新生命形式的高明手段。“勿要折磨，勿要施加痛苦”，大自然才不管这种戒律呢。大自然创造出的生物在永恒的争斗中相互折磨。

“世上本没有好坏，思考才产生好和坏”。大自然中发生的事情本身没有好坏之分，也没有美丑之分。不存在价值观，也不存在特殊的含义和结局。大自然的行为并没有意图。在德语中，我们说生物能有意图地（德语 zweckmässig）适应环境，我们清楚

---

① 阿尔伯特·史怀哲（Albert Schweitzer），法国通才，在哲学、神学、音乐、医学上均有建树，因在中非西部创立以自己名字命名的医院而获得 1952 年的诺贝尔和平奖。史怀哲的哲学观以尊重生命为基础。——译者注

这只是为了表述方便。要是按字面意思理解，我们就犯错了。世界的图景中只有因果关系，在这个框架下，我们按字面意思理解“意图”是错误的。

整个世界存在的意义是什么？我们应该如何理解世界？最令人痛心的一点是，所有的科学研究都没有涉及这两个问题。我们越是关心这两个问题，它们就越是显得愚蠢而且不知所云。显然，世间万物只在能够审视它的心灵面前才有意义。但是科学指出，这两者的关系很荒谬：心灵似乎只是由它正在观察的世界产生的，当太阳最终熄灭、地球化为冰天雪地之时，心灵就随着世界一起消失了。

让我在本章的标题下简单提一提饱受责难的科学无神论。科学不得不反复遭受这种不公平的责难。在一个只有靠排除一切个人的东西才能被理解的世界模型中，不存在任何个人的神灵。我们知道，上帝在被体验的时候，就和人直接的感觉或者其自己的人格一样真实。和感觉一样，上帝也一定不属于时空的图景中。在这个世界所处的时空中，我并没有找到任何上帝——最真诚的自然主义者会这样告诉你。他因此饱受责难，因为《圣经》中写道：上帝即圣灵。

第五章

科学和宗教

科学能够回答宗教问题吗？在那些一直困扰着人类的问题上，科学研究成果能够帮助我们获得合理的、令人满意的回答吗？我主要指的就是“那个世界”“来世”以及所有与之相关的问题。我们之中有些人长期都能把这些问题抛在脑后，这类人主要是健康又欢快的年轻人。另外有些上了年纪的人，则已接受了得不到答案的事实，而且放弃了继续寻找的念头。最后还有一批人，一生都饱受这些难题的困扰，并十分恐惧那些长期流传的迷信说法。请注意，我当然并不是要企图回答这些问题。我是想退一步，回答一个简单得多的问题。这个问题是：科学是否能为回答**这些**问题提供一些信息，或者帮助我们思考这些对很多人来说无法回避的问题？

首先，在粗浅的层面上，科学当然能提供一些信息，而且已经不费吹灰之力地做到了。我见过一些古代的印刷品和世界地图，我记得上面画着地狱、炼狱和天堂；前两者被放在地底深处，后者则高高地浮在云端。这种表现方法并不只是寓言（这和后来丢勒著名的《万圣图》那样的例子不同），而是代表了那个时代普遍的原始信仰。如今，教会不再要求信徒用这种机械的方式来解读教义了，或者至少基本不鼓励这种态度。这种进步当然得益于我们对地球内部的认识（尽管还很不足），对火山的本质、对大气的组成、对太阳系可能的历史、对星系和宇宙结构的认识。受过教育的人，哪怕他们笃信天堂地狱确实存在，也只会赋予它们精神地位；他们不会指望在任何人类已经能够触及的空间里找到宗教中虚构的事物。我敢说，哪怕科学研究无法触及这些空间的外延，那里也不会存在宗教事务。我并不是说只有等到上述科学事实发现了之后，笃信宗教的人群中才会出现这种启蒙思想，但是科学发现确实有助于消除人们对于宗教教义机械式的迷信。

然而，这只不过反映了一种非常粗浅的思考。还有更有趣的地方。要我说，面对著名的哲学三问“我是谁？我从哪儿来？我要到哪儿去？”。科学最重要的贡献（或者说至少使我们不再困扰），科学给予我们最值得称赞的帮助，就是对时间的逐步理想化（idealization）。很多人涉猎过这个问题，包括很多非科学家，如希波的圣奥古斯丁[①]和波依提乌[②]。尽管如此，在这个问题上，

---

① 希波的圣奥古斯丁（St Augustine of Hippo），希波（现阿尔及利亚的安纳巴市）主教，基督教神学家、哲学家。圣奥古斯丁提出了基督教中著名的“三一论”，即圣父、圣子、圣灵三位一体。他继承柏拉图的思想并将其应用于基督教哲学中，认为上帝是独立于时间的存在。——译者注

② 波依提乌（Boethius），古罗马哲学家。他将大量古希腊哲学和数学典籍翻译成拉丁文，并著有《哲学的慰藉》。这是中世纪最富有影响力的哲学著作。——译者注

我立刻想到的是这三位：柏拉图、康德和爱因斯坦。

柏拉图[①]和康德不是科学家，但是他们对哲学问题的热诚探索、他们对世界的浓厚兴趣，都源自科学。对柏拉图来说，他的兴趣来自数学和几何学（如今我们不会再区分数学和几何学了，但我想在柏拉图的年代，它们仍然是两门学科）。是什么使得柏拉图生平的贡献独树一帜，在两千多年之后仍然闪耀着不可磨灭的光辉呢？据我们所知，柏拉图并没有发现什么特别的数字或者几何图形。他对于物理世界和生命的观点，有时候充满幻想，整体来看也没有同时代其他人高明（从泰勒斯到德谟克利特时代的诸多圣贤），其中有些人的生活年代还比他早一百多年呢。在对大自然的认识方面，他的学生亚里士多德[②]完全超越了他，泰奥弗拉斯托斯[③]也超越了他。除了他的忠实追随者，他的长篇对话录给人的感觉就好像不讲道理的口舌之辩。他在对话录中并不会去好好定义一个词的含义，而是相信

---

① 柏拉图（Plato，Πλάτων），古希腊哲学家，苏格拉底的追随者，亚里士多德的老师。苏格拉底未有成文著作传世，他的思想都通过柏拉图的《对话录》得以流传。此外，柏拉图的《理想国》也非常著名。在这本书中，柏拉图描述了他心目中的理想城邦，由依靠"德行"的贵族统治，而君主必须是"哲学王"。他认为人生而不平等，每个人在城邦中都必须遵守自己的位置。——译者注

② 亚里士多德（Aristotle，Ἀριστοτέλης），古希腊哲学家，柏拉图的学生。他几乎研究了当时的所有学科，并做出了许多贡献。他对整个西方哲学和科学产生了无人能比的影响。在对自然界的研究上，亚里士多德主张使用归纳和演绎法研究自然界的具体事物，而不像柏拉图那样只在理念上进行研究。——译者注

③ 泰奥弗拉斯托斯（Theophrastus，Θεόφραστος），古希腊哲学家，柏拉图和亚里士多德的弟子，并在亚里士多德后执掌了逍遥学派（Peripatetic school，περιπατητικός）。他的主要成就在于植物学。在物理学和形而上学上，他提出运动是万物变化的基础。——译者注

只要一遍一遍地重复，词义就会自现。他试图推行的社会和政治上的乌托邦，不仅最后失败了，还使他深陷危险。如今，也没多少人支持他的理想国，而且支持他的人大多也和他的遭遇类似。那么，究竟是什么给予他如此之高的声望呢？

我认为，这是因为柏拉图是首个设想永恒存在的人，并且一反理性，强调永恒的存在才是真实，比你我的实际经验更为真实。这就是“理型论”（thoery of forms 或 theory of ideas）。他说，经验只不过是前者的影子，所有的经验都来自那里。[①] 理型论是如何产生的呢？毋庸置疑，柏拉图受到了巴门尼德和埃利亚学派[②]的启发。同样明显的是，柏拉图和他们一脉相承。如同柏拉图自己的生动比喻所说，通过推理而学习的本质是回忆起隐藏着的、但本就存在的真理，而不是发现新的真理。然而，巴门尼德笔下

---

① 柏拉图在《理想国》第 7 章中举出了一个著名“洞穴比喻”，是他的理型论思想的重要注解。他（让书中的苏格拉底）设想了一个洞穴，里面关押一群洞穴人。这群人被捆绑着限制了行动，只能看到洞穴墙壁上他们自己的影子，看不到身后的光源。那么，久而久之，洞穴人就会把墙上的影子视为他们所观察到的“真实世界”，而对他们背后以及洞穴之外的世界一无所知。如果释放其中一个人，让他走出洞穴看一看，他可能会很不适应；即使适应了，洞穴中的其他人也不会相信他所描述的“外部世界”，反而会认为他看到的是幻象。洞穴比喻对什么是“真实”提出了拷问。在此基础上的不同演绎促成了不可知论、怀疑论、经验主义、理性主义等诸多哲学流派。在本书的语境中，洞穴人就是心灵，洞穴人看到的影子就是感知，而洞穴外的世界则是康德笔下的“物自体”。——译者注

② 巴门尼德（Parmenides，Παρμενίδης），古希腊哲学家，在埃利亚（Elea，Ἐλέα）创立了埃利亚学派（Eleatics），成员还有芝诺等人。巴门尼德认为，世界的真相是一个整体，人对世界的感知都只是幻象。——译者注

永恒的、无所不在的、亘古不变的“一”，在柏拉图的脑海中变成了更为强大的思想，即理念领域（Realm of Ideas）。这个理论需要想象力，但仍然很神秘。但我相信，这种思想来自他的切身体验。因为，正如在他之前的毕达哥拉斯学派[①]以及在他之后的许多人所感受到的那样，柏拉图对数字和几何图像的启示充满了惊讶和崇敬之情。他认识到了这些启示的本质，并把它们深深吸收入自己的脑海中。这些启示是通过纯粹的逻辑推理得到的，这使我们认识到，这些真正的关联不仅仅在真实性上无懈可击，而且显然是永恒的存在。无论我们用何种方法寻求这些关系，它们都永远正确。数学上的真理是永恒的，并不取决于我们发现的时机。不过，发现了数学真理仍是很重要的事情，这种心情就好像是收到了仙女的珍贵礼物。

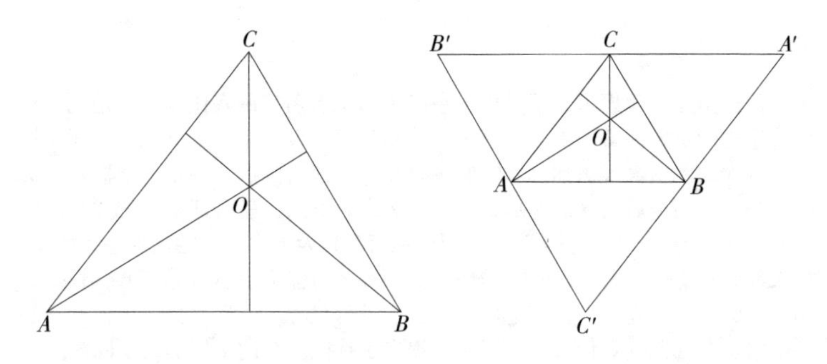

三角形（ABC）的三条高相交于一点（O）。（高指的是从三角

---

① 毕达哥拉斯（Pythagoras，Πυθαγόρας），古希腊数学家、哲学家。在西方世界，他发现了勾股定理。他对数学几乎痴迷，并以此构建了他的哲学观念：即数学是万物的本质。——译者注

形顶点到对边或者其延长线上的垂线。）乍一看，你并不明白这是怎么办到的；**任意选择的**三条线通常不会交于一点，而会形成一个三角形。现在，从三角形的每个顶点做对边的平行线。这就构成一个更大的三角形 $A'B'C'$，其中包含四个全等三角形。在这个大三角形中，ABC 的三条高就成了经过 $A'B'C'$ 三边的中垂线，即“对称线”。这样一来，从点 C 出发的垂线一定包含了所有与 A' 和 B' 距离相等的点；从点 B 出发的垂线一定包含了所有与 A' 和 C' 等距离的点。这两条垂线相交的点，与三个顶点 A', B' 和 C' 的距离就都相等。因此，它一定也落在从点 A 出发的垂线上，因为这条垂线上的点，与 B' 和 C' 的距离都相等。证毕。

每个整数，除了 1 和 2，都夹在两个质数“中间”，或曰是两个质数的算术平均值。例如：

8=（5+11）/2=（3+13）/2

17=（3+31）/2=（29+5）/2=（23+11）/2

20=（11+29）/2=（3+37）/2

正如你所见，通常会有不止一组解。这就是哥德巴赫猜想。虽然这还没有被证明，但大家觉得这个猜想应该是对的。

把连续的奇数相加，你总是会得到一个平方数。首先是 1，然后是 1+3=4，然后 1+3+5=9，然后 1+3+5+7=16。没错，这种方式你会得到所有的平方数，而且总是等于你相加数字的数目的平方。要领悟这个关系的普遍性，你可以在求和时，换而求每一对与中间等距离的数的算术平均数（即第一个和最后一个，第二个和倒数第二个，以此类推。）这些算术平均数显然都等于求和数字的总数；因此，上面的最后一个例子就成了

$$4+4+4+4=4\times 4$$

现在我们再来聊聊康德。[①] 如今，他将空间和时间理念化的观点已经不再新鲜了。这正是他的哲学观点的基础，如果不是最为基础的那部分的话。和康德的大部分思想一样，这个观点既不能被证明，也不能被证伪，但是这并不意味着它没有意思（相反，这就更有意思了；如果这件事情可以被证明或者证伪，反倒变得平凡了。)。这意味着，空间上的延展和时间上清晰定义的“先后”顺序，并不是我们所感知的世界的属性，而是感知这个世界的心灵的属性。在心灵的当前状态下，它总是不由自主地根据时间和空间这两个标签来记录它所接收到的一切事物。这并不是说心灵可以摆脱经验，先验地理解这些事物的秩序，而是说，在接收到事件之时，心灵不自觉地发展出了秩序，并应用于经验。尤其是，这些事实并不能证明或表明空间和时间是“物自体”的内禀秩序体系。尽管有人认为，我们的经验来自“物自体”。

举例证明这是胡说八道并不难。没有人能够区分他的感知和引发感知的物质世界。这是因为，无论他对整件事的认识有多么细致，

---

① 康德认为，时间、空间和因果性都是**先验的**概念，即先于我们的经验而存在。这是一种绝对时空观。后面我们会看到，爱因斯坦的相对论表明，时间和空间并不是先验的，而是依赖于观察者的状态。——译者注

事件也只会发生一次，不会再来一遍。再现事件只是一种比喻，主要通过和其他人乃至和动物交流实现；这种交流表明，在相同的情况下，大家的感知基本上都和自己感知到的差不多，只是视角上有无关紧要的微小区别——这就是字面意义上的“投射点”不同。但是哪怕像大多数人认为的那样，假定这种体验迫使我们考虑存在一个引起我们感知的客观世界，我们又该怎么判断，所有人经验中共通的地方，究竟源于我们的心灵构造呢，还是源于那些客观事物之间的共同属性呢？毫无疑问，我们对事物的认识完全来自我们的感知。无论多么自然，客观世界仍然只是一个假设。倘若我们接受这个假设，那么把我们感知的所有特征都归因于这个外部世界，而不是我们自身，难道不是迄今为止最自然的事情吗？

然而，康德的思想最为重要的意义，并不是要在“心灵形成关于世界的观念”的过程中，公正地区分出心灵和它所反映的世界这两者的角色。因为我刚才已经指出，这两者几乎无法分辨。康德的伟大贡献在于形成了这样的观念：无论是心灵还是世界，事物很可能会以不涉及时空观念的其他形式出现，而我们并没有办法体察到这种形式。这意味着，我们从根深蒂固的偏见中解放了出来。除了时空，秩序也可能以其他形式呈现。我认为，叔本华第一个悟出了康德的这层道理。这种解放为宗教信仰创造了空间，使得宗教并不总会和一些明确的结论相抵触——后者往往是那些为我们所熟知的关于世界的经验，是普通人眼里毋庸置疑的事实。举一个最有力的例子。我们所熟知的经验使我们确信，经验和我们的生命不可分割地绑定在一起，在生命的肉体毁灭之后，经验无法继续存在。那么，此生之后就没有任何东西了吗？没有了。需要在时间和空间维度上获得的经验，此生之后就不复存在。但是，如果世界的呈现方式并不涉及时间，那“之后”的概念就没有意义。当然，纯粹的思辨并不能向我们保证这种世界的呈现方式**确实存在**。但是，它可以扫除明显的障碍，使我们认同这种可能性。这就是康德通过他的分析所做的事情。在我看来，这就是康德的哲学贡献。

现在，让我来就同样的主题谈一谈爱因斯坦。康德看待科学的态度十分幼稚，如果你翻一翻他的《自然科学的形而上学基础》，你就会同意这一点。他或多或少地把他生平所处时代（1724—1804年）的物理科学认为是科学的最终形态，而他则忙着在哲学上考察当时的科学结论。像他这样伟大的天才也会犯这种错误，这应当成为后世哲学家的警示。[①]他明确认为，空间就是无限的，并且坚信，赋予空间由欧几里得总结的几何性质，正

① 薛定谔对康德的这一段评述十分有趣。细心阅读本书的读者会发现，薛定谔在批判前人的同时，自己也在书中下了许多类似的“结论”，忙着评判他的时代已知的科学结论（有些甚至只是他自己的猜测）。例如，他在书中宣称人类的进化已经几乎停止了，而且人类也已经把大脑中的神经活动过程“完全搞清楚了”。在现代读者看来，这些断言也同样被后续的研究推翻了。可以看到，薛定谔自己并没有逃出他所批判的“历史的局限性”。想一想，百年后的人类，又会如何看待我们目前对生命和心灵的认识水平呢？这一点尤其可以给我们以启示。——译者注

是人类心灵的本能。在欧几里得空间中，物质可以连续流动，即物质可以随着时间的推移而改变其形状。和同时代的物理学家一样，在康德看来，空间和时间是两个完全不同的概念，因此他毫不怀疑地把空间称为我们的外部直觉的形式，而把时间称为我们的内部直觉（德文 Anschauung）的形式。当我们发现，欧几里得的无限空间并不能描述我们所体验到的世界，而把空间和时间看成四维的连续体会更好时，康德的理论基础似乎就被打碎了——但这实际上并不会贬低康德哲学中更有价值的部分。

这个发现要归功于爱因斯坦（以及其他几个人，例如 H.A. 洛伦兹、庞加莱和闵科夫斯基）[①]。他们的发现对于哲学家和普通人[②]产生了巨大的冲击。因为他们向人们表明，哪怕在我们的经验范畴内，时间和空间的关系也远比康德想象的更为复杂，当然也比历史上所有的物理学家和普通人想象的更为复杂。

新观点对传统的时间观念冲击最大。时间说的是“过去和未来”。新的观点从以下两条基本原则出发：

---

① 薛定谔提到的这几位科学家都为相对论的诞生做了重要的准备工作。H.A. 洛伦兹（H. A. Lorentz），荷兰物理学家；庞加莱（Poincaré），法国数学家。他们合作提出的“洛伦兹变换”是狭义相对论的基础。闵科夫斯基（Minkowski），德国数学家，爱因斯坦的老师。他首次把时间和空间结合到统一的四维“闵科夫斯基空间”，是相对论的基础数学框架。——译者注

② 这里的原文为 men in the-street，and ladies in the drawing-room，直译为街上的男人和客厅里的妇女。那个年代的男权比现在强势得多（虽然现在仍然很强），基本上只有男人可以外出工作，而妇女则在家做主妇。所以薛定谔才会想到用这样的互文手法。译者认为，将这段修辞译 为“普通人”更符合现代语境。下文若干个“普通人”同理。——译者注

（1）“过去和未来”的概念基于“因果”关系。我们知道，如果事件 A 导致了事件 B，那么如果没有 A，B 就也不会发生；如果 A 改变了 B，那么如果没有 A，B 也就不会被那样改变。这至少是我们业已形成的观念。例如，如果一颗炸弹爆炸了，它就会杀死坐在上面的人；而且远处还会听到爆炸的声响。死亡也许是和爆炸同时发生的，但远处需要等一会儿才能听到爆炸声；但显然死亡和听到爆炸声的时刻都不可能早于爆炸。这是一个基本概念。日常生活中，我们也正是借助这个概念，来判断两件事中，哪一件发生得更晚，或者说没有发生得更早。先后的区别完全建立在结果不能先于原因的概念上。只要我们有理由认为 A 导致了 B，甚至只要有迹象表明 A 导致了 B，甚至（再退一步，通过间接证据）可以推断出有迹象表明 A 导致了 B，那么 B 就绝对不可能比 A 发生得更早。

（2）请牢记第二条基本原则。实验和观测证据表明，结果并不会以无限快的速度传播。传播速度的上限恰巧就是真空中的光速，记为 c。这个速度在人类眼里已经很快了，几乎可以在 1 秒钟内绕地球赤道 7 圈。但它不是无限大。请大家将其视为大自然的一项基本事实。这么一来，上文所述的（基于因果关系的）“过去和未来”或者“更早和更晚”之间的区别就不会总是成立。某些情况下，这种区别并不成立。要解释清楚这一点，很难不用数学语言。这倒不是说涉及的数学有多么复杂，而是说，时间观念在日常语言中无处不在—— 你必须要选择时态才能使用动词（来自拉丁语 verbum，德语 Zeitwort)。因此，使用日常语言必然会有偏见。

最简单的推演如下所述，不过之后你们也会发现这种推演并不完全准确。假定有一个事件 A。经过某段时间 t 后，以 A 为圆心，ct 为半径的圆之外还有一个事件 B。那么 B 就不会显示出任何 A 的"迹象"；当然 A 也不会显示出 B 的迹象。因此，我们的判断依据就失效了。从刚才的语言描述来看，B 比 A 更晚发生。但是既然因果关系的判断依据在 A 和 B 之间失效了，那我们的结论正确吗？

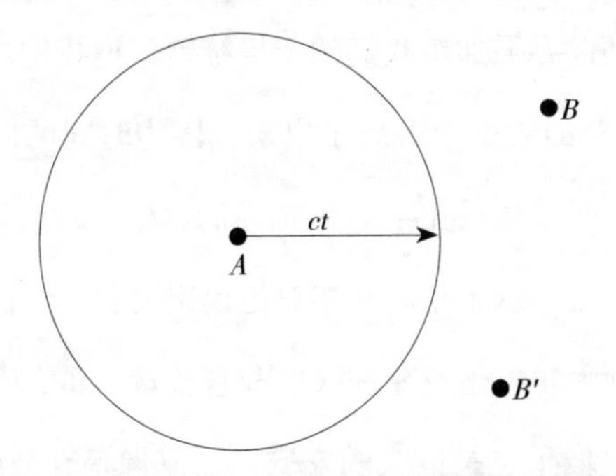

考虑同样处在圆圈之外的事件 B'，它比 A 事件发生早了 t。同样道理，这种情况下，也没有任何 B' 的迹象来得及抵达 A（当然，B' 表现不出任何 A 的迹象）。

因此，两种情况下，事件之间互不干扰的关系一模一样。在与 A 的因果关系上，B 和 B' 没有概念上的差别。因此，如果我们希望把因果关系而非语言上的偏见作为"过去和未来"的基准，那么 B 和 B' 就构成了一类事件，它们既不比 A 更早，也不比 A 更晚。这类事件所占据的时空区域叫作（相对于 A 来说的）"可能的同时性”区域。这么说是因为，总能在时空中找到一个参考系，使得 A 和某个特定的 B 或者 B' 同时发生。这是爱因斯坦的发现（叫作狭义相对论，1905）。

如今，这些发现在物理学家眼里已是板上钉钉的事实了。我们在日常工作中使用它，就和我们使用乘法表或者直角三角形的勾股定理一样。我有时候好奇为什么这些发现会在公众和某些哲学家中引起轩然大波。我想这可能是因为，这些发现使得时间不再成为外部世界强加给我们的严格统治，把我们从无法打破的“过去和未来”的规则中解放了出来。因为时间的确是我们最严厉的主人。正如《摩西五经》[1] 所描述的那样，时间显然把我们的一生限制在短短七八十年。在相对论提出之前，人们仍旧认为时间主宰的计划无懈可击。允许我们和它较量一番，哪怕只是微不足道的角力，似乎也是巨大的安慰。这好像是在鼓励这种思想：整个“时间表”可能并没有我们原来以为的那么严格。这种思想颇有宗教意味，而且我应该说它**就是**宗教思想。

和你们有时候会听到的说法不同，爱因斯坦并没有认为康德对时空理想化的思想是谎言；相反，在此基础上，他把这种思想的完善向前推进了一大步。

我已经阐述了柏拉图、康德和爱因斯坦对哲学和宗教的影

---

① 即《圣经·旧约》的前五卷，相传为摩西所著，但实际作者仍有争议。——译者注

响。而在康德和爱因斯坦之间，物理学发生了一次重大事件，这差不多比爱因斯坦早了一代人。这件事本来也应该对哲学家和普通人的思想造成巨大的冲击，至少能和相对论的冲击相提并论，如果说没有比后者更剧烈的话。但实际上并没有轰动。我相信，这是因为这次物理学思想的变革比相对论更难理解，因此也就更少有人能够领悟，充其量只是被零星的几个哲学家领悟了。这次思想的变革，与美国人威拉德·吉布斯[①]和奥地利人路德维希·玻尔兹曼[②]联系在一起。我现在就来谈一谈。

自然界发生的事件基本都不可逆，除了极少数例外（这些真的是例外）。试着想象一下，有一连串时间上有先后的现象，它们好像倒放电影胶片一样，发生的先后顺序与实际观察到的完全相反。虽然很容易就能想象出这样的逆向顺序，但这样的顺序一定会违反物理学定律的大厦。

热力学或统计力学理论可以解释万事万物普遍的“方向性”，这也实至名归地被视为这些理论最重要的成就。我没法在这里讨论这些物理理论的细节，不过，为了领会这种解释的要旨，也并

① 威拉德·吉布斯（Willard Gibbs），美国物理学家、化学家。在物理学上，他和麦克斯韦、玻尔兹曼共同创立了统计力学，并引入了“系综”的概念。在化学上，他提出了“化学势”的概念和“吉布斯自由能”，是判断化学反应在热力学上能否自发发生的重要判据。——译者注

② 路德维希·玻尔兹曼（Ludwig Boltzmann），奥地利物理学家。统计力学创立者之一，提出了著名的熵公式 $S=k_B\ln\Omega$，从统计力学的角度解释了热力学第二定律。其中即为以他名字命名的“玻尔兹曼常数”。——译者注

不需要这么做。要是把这种不可逆的基本属性归因于原子和分子的微观活动的基本规律，就非常糟糕了。这么做并不会比中世纪常见的字面上的循环论证好到哪里去，比如声称：火之所以烫，是因为它火热的性质。不是这样的。玻尔兹曼表示，我们面对的情形是，任何有序状态都会自然而然地倾向于变为不那么有序的状态，但反过来却不行。这就好比，你拿着一副洗好了的扑克牌，从 7、8、9、10、J、Q、K、红心 A 开始，然后是同样顺序的方片等其他花色。如果你把这副整整齐齐的牌洗上一遍、两遍、三遍，它就会逐渐变成一副杂乱的牌。但这并不是洗牌的内禀属性。拿着这副杂乱的牌，你可以精心设计一次洗牌过程，使得每次洗牌都完全抵消之前洗牌的效果，并恢复扑克牌最初的顺序。然而实际上，所有人都会觉得你只会把整齐的牌洗乱，而不会有人觉得有可能把牌洗整齐——因为如果要靠运气把牌洗整齐的话，你显然要等很久很久。

关于自然界发生的所有事情具有一致方向性的问题（其中当然包括了生物从出生到死亡的整个生命历程），以上就是玻尔兹曼的解释的要义。最重要的地方在于，类比洗牌的原理，这种“时间箭头”（爱丁顿的说法）并不是通过相互作用来生效的。相互作用并不包含过去和未来的观念，相互作用本身完全可逆。代表了过去和未来观念的“箭头”来自统计规律。拿扑克牌作类比的话，就是说，一副牌只有少数几种很有规律的排列方式，但却有亿万种杂乱无章的排列方式。

然而，这个理论不断遭到反对，这些反对有时候还是来自非常聪明的人。反对的观点主要就是说这个理论在逻辑上不严谨。因为，如果照玻尔兹曼的观点所说，粒子的基本相互作用在时间上完全对称，并不会区分时间的两个方向，那么为什么所有粒子合起来的整体行为会强烈地偏向某个时间方向呢？对一个方向成立的东西，应当对另一个方向也同样成立才对。

如果这个论点正确，好像就切中要害了。因为它瞄准了这个理论最主要的特征：从可逆的基本规律中导出不可逆的事件。

这个论点并没有错，但它并不能构成反驳。说这个论点没错，是因为它表明，对一个时间方向成立的事情，对相反的时间方向也成立。这在一开始就引入了一对完美对称的变量。但是你不能立刻得出结论，说它总是在两个方向上都成立。用最谨慎的话来说，你得说，在某个给定情况下，它仅对于两个方向中的一个方向成立。你还必须加上：对于我们所了解的这个世界来说，（用一个偶尔会用的词）“耗散”朝着一个方向发生，而我们把这个方向称为从过去到未来。换句话说，你必须允许热的统计规律通过它自身的定义，霸道地决定时间朝哪个方向流动。（这对物理学家的方法论有着重大影响。物理学家绝不能引入可以自由决定时间箭头方向的事物。否则，玻尔兹曼美妙的理论大厦就崩塌了。）

有人可能会担心，在不同的物理系统中，时间的统计定义并不一定总是会产生相同的时间流向。玻尔兹曼勇敢地面对了这种可能性；他认为，如果宇宙足够大，或者存在时间足够长，在世界的某个角落，时间就真有可能倒流。这个论点曾经被争论过，但现在并不值得继续争论了。玻尔兹曼当时并不知道，但我们已经知道，宇宙极有可能不够大，存在时间也不够长久，不足以在大尺度上允许这种时间反转发生。请允许我在不详细解释的情况下再补充一句：无论在时间还是空间的微小尺度上，这种时间倒流都已经被观察到了（布朗运动，斯莫卢霍夫斯基[①]）。

我认为，在时间的哲学观念上，“时间的统计理论”的意义甚至比相对论还要重大。不管相对论多么具有革命性，它都只是预设，并没有具体涉及时间流动的方向。然而统计理论却从事件的顺序中构建了时间的方向。这意味着我们摆脱了古老的时间之神克罗诺斯的统治。因此我觉得，我们自己在脑海中构建出来的东西，并不具备控制我们心灵的独裁能力，也不具备产生或消灭心灵的能力。但是我肯定，你们中有些人会把它称为神秘主义。不过，物理理论总是相对的，它依赖于某些基本假设。因此，在承认这个事实的前提下，我们可以断言，或者说我相信，我们这个时代的物理理论强有力地表明，**心灵**并不会被**时间**毁灭。[②]

---

① 斯莫卢霍夫斯基（Smoluchowski），波兰物理学家。他和爱因斯坦各自独立地解释了布朗运动。——译者注

② 如果把“意识”替换为惠勒所说的“信息”，这个观点就很现代了。——译者注

第六章

感觉的奥秘

阿布德拉的德谟克利特的著名残篇中，他已经留意到了一件非常奇怪的事情。在最后一章中，我想再详细谈谈这件事。一方面，我们对于周遭世界的一切认识全都基于直观感觉，这其中既包括了我们在日常生活中获得的认识，也包括了在计划最周密、执行最细致的实验中获得的认识。而另一方面，这种认识并不能揭示感觉与外部世界的关系，因此，科学发现指导我们形成了对外部世界的印象或曰模型；在这种印象或模型中，一切感觉属性都不存在。我相信，尽管每个人都很容易同意这个论断的前半部分，后半部分却并不经常被人觉察到。这纯粹是因为非科学家通常都很崇敬科学，因此觉得科学家利用我们“极其先进的方法”，有能力做到别人做不到的事情。但这些事情的本质决定了，没有人能够做到，也永远做不到。

如果你问一个物理学家，什么是黄色光，他会告诉你，这是波长大约在 590 纳米的电磁波，它是横波。如果你问他：那么“黄”是怎么来的呢？他会回答：我的字典里没有“黄”色，只不过是这种电磁波照射到健康人眼中的视网膜时，会使人产生黄色的感觉。继续问下去，你会得知，不同波长的光产生不同的色彩感觉。但并非所有的光都会产生感觉，只有波长介于 800 纳米到 400 纳米的光才会。对物理学家来说，红外线（波长大于 800 纳米）和紫外线（波长小于 400 纳米）①，和波长介于 800 纳米到 400 纳米之间的可见光，基本上是相同的现象。这种独特的选择区间是如何产生的呢？这显然是对太阳光的一种适应。在 800 到 400 纳米之间，太阳光的辐射强度最强，在此范围两侧之外则逐渐减弱。而且，人眼实际上对黄色光最敏感，它恰好落在阳光辐射强度在这个区间中的最大值，这是货真价实的峰值。

我们可以进一步问：是不是只有波长在 590 纳米左右的光才会产生黄色的感觉？答案并不是。比如，波长在 760 纳米的红光和波长在 535 纳米的绿光混合，也能产生黄色光，和 590 纳米的光看上去一样。如果圈出两个相邻的区域，一块用混合光照射，另一块用单色光照射，它们看起来会一模一样，完全无法区分。波长可以预言这个现象吗？这和光波的客观物理性质有数学上的关联吗？并没有。我们当然可以根据实验来绘制出所有混合色的表格，这叫作色三角。但是色三角和波长的关系并不简单。两种颜色的光混合，并不一定就会产生介于它们之间的光；例如，处

---

① 习惯上，红外线的波长范围为 0.7~1000 微米，紫外线的波长范围为 10~400 纳米。——译者注

在光谱两端的“红光”和“蓝光”混合，就会产生“紫色”，而没有任何一种单色光是这种颜色。[①]而且，每个人的色三角都略有不同，而对某些人来说则是大大不同。这类人叫作异常三色视觉。他们并**不是**色盲。

色觉无法用光波的客观物理性质来描述。如果生理学家对视网膜中的过程以及视觉神经丛和大脑中的神经过程有更充分的了解，他们能解释色觉吗？我觉得不行。我们最多也就能对神经纤维被激发的光谱区域有客观的认识。甚至我们有可能搞明白，每当心灵感觉到某个方向或者某个视觉区域是黄色时，这种感觉在大脑细胞中产生的明确过程。但即使是如此细致的认识，也无法告诉我们人为何会有色觉，更具体地说是为何你会感到这个方向上是黄色——同样的生理学过程可能会引起甜味的感觉，或者任何其他感觉。我只是想说，我们可以肯定，任何对神经过程的客观描述，都不会牵扯到“黄色”或“味觉”这类特征，就像对电磁波的客观描述也不曾包括这些特征一样。

同样的事情对其他感觉也成立。把我们刚才考察过的色觉和听觉做比较会很有意思。我们听到的声音通常来自空气中传播的交替压缩和膨胀的弹性波。它们的波长——精确的说是频率——

---

① 更确切地说，红光和蓝光混合而形成的色彩是“品红色”，而可见光光谱末端的颜色才是“紫色”。品红色不存在于可见光光谱之中，它是彻头彻尾的合成色。——译者注

决定了声音的音调。（注意，听觉的生理学过程取决于频率而不是波长，这和光一样。不过对光来说，波长和频率基本可以等价，因为真空中和空气中的光速几乎相同。）不用说，“可听见的声音”的频率范围和“可见光”的频率范围很不相同。它从12~16 赫兹一直到 2 万 ~3 万赫兹。而可见光的频率则比它高了数千亿倍。但声音范围的相对值却大了很多，它差不多横跨了 10 个八度（而对“可见光”来说，差不多就只有 1 个八度）[①]；而且，每个人能听到的声音范围都不一样，年龄的影响尤其大。随着年龄的增长，人能听到的最高音调通常会显著下降。但声音最令人惊讶的特性是，几种频率完全不同的声音混合起来，绝不会产生一个与中间频率相似的音调。虽然同时听到叠加在一起的多个音调，人却能把它们区分出来，而这对经过音乐训练的人来说尤其如此。很多不同品质和音量的更高音调（“倍频”）组合起来，构成了叫作“音色”（德文：Klangfarbe）的东西。只需一个音符，我们就可以借助音色来分辨小提琴、柔音号、教堂的钟声、钢琴……甚至噪声都有自己的音色，我们可以根据噪声猜到发生了什么。甚至我的狗都很熟悉某个锡盒打开的特殊噪声，它偶尔会从里面找到一块饼干。这些情况下，声音中所有频率的混合比率都至关重要。如果它们全然按相同的比例变化，就好像留声机放

① 这里一个“八度”指的就是 2 倍。红光的波长差不多是紫光的 2 倍，而声波的频率范围则差不多横跨了 2 的 10 次方（1 024）倍。——译者注

得太慢或者太快那样，你还能辨认出来在发生什么。但有些区别取决于声音成分的绝对频率。如果录有人声的唱片放得太快了，元音就会发生显著变化，尤其是像“car”中间的“a”就会变得像“care”中间的“a”。一段连续的声音频率，无论是像汽笛或猫叫那样连续发声，还是把这些频率合在一起发声，它们总是很刺耳。合在一起发声有点难实现，也许用一组汽笛或者让一群猫在一起叫可以办得到吧。这再次显示出听觉和视觉的天壤之别。我们平时看到的所有颜色，基本都是连续的混合色；在绘画或者自然界中，连续变化的色调常常显得很美丽。

我们十分清楚听觉的主要特征，因为相比于视网膜上发生的化学反应，我们更清楚、更确切地了解耳朵的工作方式。听觉的主要器官是**耳蜗**，它是一根盘起来的骨管，形状像一种海螺的壳：就好像一段微型的盘旋楼梯，越往“上”楼梯越窄。（继续我们的比喻）盘旋楼梯的每一级中间张着弹性纤维，形成一张网。网的宽度（或曰单根纤维的长度）从楼梯“底部”到“顶部”越来越小。因此，这些长度各异的纤维就像竖琴或者钢琴的琴弦那样，可以响应不同频率的机械振动。响应某个特定频率的不只是一根纤维，而是膜上的一小片区域；换个高一点的频率，响应的区域也换到纤维更短的地方。特定频率的机械振动就会在每一组神经纤维中激起众所周知的神经冲动，并传递到大脑皮层的特定区域。我们大致清楚，神经冲动的传导过程在所有神经中都差不多，只不过强度会随着刺激强度变化；这就会影响神经冲动的频率，当然，这里不要把它和声音的频率搞混（这两者没有任何关系）。

听觉的工作原理并没有我们预想的那么简单。如果由物理学家来设计耳朵，为了使耳朵的所有人有能力极其细腻地区分音调和音色。他会采用别的设计。不过也许他也会回到人耳原本的样子。如果我们能让横跨耳蜗的每一条“弦”都只严格地响应输入振动中的某个特定频率，那事情就会更简单、更优雅。但实际情况却并非如此，这是为什么呢？因为这些“弦”的振动受到的阻尼很大。这自然使它们的共振频率范围变得更宽。物理学家会希望把它们的阻尼设计得越小越好。但这将导致一个可怕的结果，就是听觉不会随着声源的停止而立刻停止；它会持续一段时间，直到耳蜗中几乎不受阻尼的共振器衰减下来。要获得对音调的分辨能力，就要牺牲对声音前后的间隔时间的分辨能力。令人惊叹的是，耳朵实际上很好地平衡了两者的关系。

我这里所做的详尽描述，可以让你们明白，无论是物理学家的描述，还是生理学家的描述，都没有包含任何听觉的特征。一切这样的描述最终都必定终结于一句话：神经脉冲传递到大脑的特定区域，产生了一串声音的感觉。我们可以观察到，空气气压的变化使得鼓膜振动，我们可以观察到，这种运动是如何被一连串微小的骨头传递到另一张膜上，从而最终被传递到耳蜗里面的膜上。如同上文所述，耳蜗里的膜由不同长度的纤维织成。我们可以搞清楚，这种振动着的纤维如何在与其相连的神经纤维中激起电传递和化学传递过程。我们可以顺藤摸瓜，跟着神经传导进入大脑皮层，而且我们甚至能够对大脑皮层中发生的事情有客观的了解。但是我们无法了解“产生声音的感觉”这种事，这单纯不是科学能做到的，它只能发生在那个被我们谈论着耳朵和大脑的人的心灵中。

我们也可以用类似的方法讨论触觉、冷和热的感觉、嗅觉和味觉。产生嗅觉和味觉的感受器有时被称为化学感受器（嗅觉检测气态物质，味觉检测液态物质）。它们和视觉有个共同点，就是有限数量的基本感觉可以组合出无限种可能性，嗅觉和味觉感受器都能够做出相应。对味觉来说，就是酸甜苦咸，以及它们混合起来的味道。我认为，嗅觉应该比味觉更丰富，尤其是有些动物的嗅觉比人灵敏得多。在物理或化学刺激的客观特性中，哪些可以明显地改变感觉呢？不同动物之间似乎有天壤之别。比如，蜜蜂可以很轻易地看见紫外线；它们是真正的三色视觉（过去的实验忽略了紫外线，错认为蜜蜂只是二色视觉）。不久前，慕尼黑的冯·弗里希[①]发现，蜜蜂对光的偏振方向非常敏感，这件事

① 卡尔·冯·弗里希（Karl von Frisch），奥地利动物行为学家，他主要研究蜜蜂的感知和行为，并因此获得1973年的诺贝尔生理学或医学奖。——译者注

也尤其有趣。这使得蜜蜂能够用复杂难懂的方法调整它们相对于太阳的方向。对人类来说，即使是完全偏振的光，也和普通的无偏振的光完全一样，无法区分。人们发现，蝙蝠对远超人类听觉上限的高频振动（“超声波”）很敏感；它们自己发出超声波，把它用作“雷达”，用来躲避障碍物。人类对冷和热的感知表现出奇怪的“最冷就是最热”现象：如果我们不小心碰到非常寒冷的物体，在接触的一瞬间，我们会认为它很烫，并且把手指烫坏。

大约二三十年前，美国化学家发现一种奇妙的化合物。我不记得它叫什么了，但这是一种白色粉末[①]，有些人觉得它尝起来没有味道，有些人却觉得它特别苦。这个现象得到大家的关注，并被广泛研究。是否能够尝出这种物质完全取决于个人的特质，和任何其他条件都无关。而且，这种特质遵循孟德尔的遗传定律，和血型的遗传方式很类似。就像血型一样，无论是否能尝出这种物质的味道，都既没有明显的好处，也没有明显的坏处。我认为，杂合子中的两个“等位基因”有一个是显性，你就能尝出

① 这种化学物质叫作“苯硫脲”（化学式 $C_6H_5NHC(S)NH_2$），其中的硫代酰胺基（N–C=S）具有苦味。能不能尝出这种苦味，完全取决于人类第 7 号染色体上的 TAS2R38 基因。苯硫脲的味觉特性是杜邦公司的化学家阿瑟·福克斯（Arthur Fox）在 1931 年偶然发现的。下文薛定谔说这种物质应该不是孤例，的确如此。卷心菜和西兰花等蔬菜中也有类似苯硫脲结构的物质。而人对香菜的气味的好恶则由 11 号染色体上的 OR6A2 基因决定。因此，有些人觉得这些蔬菜难吃，另一些人则不会，甚至还偏爱有加。——译者注

这种苦味。这种偶然发现的物质，应该不是孤例。“味道不一样”很可能是货真价实的普遍现象！

现在，再让我们回到视觉的话题，对视觉的产生机制再探究得更深入一些，来看看物理学家如何分辨出视觉的客观特征。说到这里，我就假定大家都已经明白，光通常是由电子产生的，尤其是由那些围绕原子核“运动”的电子产生的。电子既不红，也不蓝，也不是其他什么颜色；质子（氢原子核）也如此。但是物理学家发现，电子和质子结合形成氢原子后，却会辐射出一系列孤立波长的电磁波。如果用棱镜或者光栅分离出辐射中的各个组分，它们通过某种生理学过程，就会使人产生红、绿、蓝、紫等感觉。我们已经充分搞清楚了这种过程的基本特征，并知道它们绝不是红色、绿色或者蓝色。事实上，参与视觉的神经元在受到刺激时并不会显示出任何颜色。虽然正是这种刺激使得拥有神经细胞的人产生了色觉，但无论是否受到刺激，这些细胞的灰白色显然都和色觉没什么关系。

然而，我们对氢原子的辐射以及这种辐射的客观、物理属性的认识，来自人们对氢蒸汽光谱中特定位置的彩色谱线的观察。观察带来了第一手认识，但这种认识并不完整。为了获得完整的认识，我们应当马上排除感觉。在这个典型的例子中，我们值得这么做。颜色本身并不能告诉你波长；事实上，我们之前已经看到了，一束黄色光可能并不是物理学家眼中的“单色光”，而是由许多不同波长的光混合而成的。即便我们开始不知道这一点，我们的光谱仪也能够区分出来。光谱仪会收集位于光谱中的确定位置、拥有确定波长的光。无论来源于何种光源，处在那个位置的光永远都表现出相同的色彩。尽管如此，色觉的特性除了让我们有一点点分辨色调的能力外，并不能直接揭示出光的波长和其他物理性质。物理学家并不满足于此。由波长较长的光产生蓝色的感觉，波长较短的光产生红色的感觉，这种与实际情况相反的情形，在**理论上**也完全行得通。

为了全面了解任意光源发出的光的物理性质，我们需要一种用衍射光栅来分光的特殊光谱仪。棱镜不管用，因为棱镜可以由各种不同的材料制成，而你事先并不知道，不同波长的光经过棱镜后会折射出什么角度。老实说，棱镜并不能**先验地**表明偏折更强烈的光波长较短，[①]虽然事实确实如此。

衍射光栅的理论则比棱镜来得简单得多。光是波动行为。从这个基本物理假设出发，根据光栅上刻有的等间距凹槽的数量（通常每英寸上有几千条），你就能确切地计算出给定波长的光的偏折角度。因此，你也能从“光栅常数”以及光偏折的角度中反

① 这是因为光经过棱镜而偏折的角度取决于光在棱镜中的折射率。而不依赖其他仪器的测量，只借助色彩的感觉，你并不能够预先判断，究竟是波长较长的光折射率较大，还是波长较短的光折射率较大。你能观察到的只是紫色光折射率较大，红色光折射率较短。下文提到的光栅则相反，因为对光栅来说，光的偏折角度和光的波长之间有定量的函数关系。——译者注

推出光的波长。有些光谱线在某些条件下（尤其是在塞曼效应和斯塔克效应下[①]）是偏振光。人眼完全感受不到光的偏振。为了在这种情况下做出全面的物理描述，你需要在分光之前，在光路上放上一个偏振器（一个尼科尔棱镜）。缓慢旋转尼科尔棱镜到某个特定角度，某些完全偏振的谱线就会消失；如果它们是部分偏振，就会被削弱到最暗。这样，你就知道这些光线的偏振方向了（总是垂直于光线）。

一旦搭建起这种技术，你就可以把它拓展到远在可见光之外的波长范围。可见光的范围并不是从物理角度上划分的。蒸汽辉光中的谱线肯定不会局限在可见光范围。这些谱线形成长长的系列，而且理论上可以有无限多个系列。每一个系列中的谱线波长都可以用十分简单的数学定律描述，尤其是，这种规律对整个系列都适用，并不会因为系列中的某些谱线落在可见光范围内而有所不同。这一系列规律首先来自经验总结，但是现在也在理论上搞清楚了。[②] 当然，在可见光范围外，要用照相底片来替代人眼。光的波长纯粹通过测量长度来得到：首先，我们需要测量光栅上相邻凹槽的距离（它是单位长度内光栅数量的倒数），就可以得

① 塞曼效应（Zeeman Effect），原子或分子在外加磁场下谱线分裂的效应。斯塔克效应（Stark Effect），原子或分子在外加电场下谱线分裂、移动的效应。——译者注

② 这个数学定律就是“里德伯公式”。尼尔斯·玻尔通过引入量子假设，首次从理论上成功解释了里德伯公式，解释了氢原子的光谱，从而开创了量子力学。——译者注

到光栅常数。这只需要测一次。随后，我们需要测量底片上谱线的位置，再结合仪器设备的已知尺寸，就可以计算出光线的偏折角度。

这些都是常识。但我希望能强调普遍适用于所有物理测量的两个重点。

对于我这里花了一些篇幅描述的情形，你常常可以看到这种说法：随着测量技术的进步，观察者逐步被日益复杂的仪器设备所取代。不过眼前的案例显然不是如此。观察者并没有被逐步取代。观察者从一开始就被取代了，自始至终都如此。我试着解释了，观察者对光谱现象的彩色感觉并没有为其物理本质提供任何线索。除非引入光栅并测量相应的长度和角度（这正是必不可少的步骤），否则我们就无法获得哪怕一丁点儿光的客观物理规律，也无法获悉光的任何物理组成。这些仪器虽然会逐步得到改良，但从认识论的角度看，无论改良到什么程度都不重要，这些设备的本质并不会改变。

第二个论点就是，观察者从来都没有完全被仪器取代。因为如果没有了观察者，就无法获得任何知识。观察者搭建了仪器。而且，在仪器搭建的过程中或者搭建完成之后，观察者一定仔细测量了仪器的尺寸，并检查了它的活动部件（比如可以绕着锥形插销转动并沿着圆形的量角器滑动的支撑臂），以确定仪器确实按照设计的方式运动。当然，物理学家所做的测量和检查，一部分靠的是生产并运送这些仪器的厂家。但所有这些信息最终总归能追溯到某些活人的感知里，无论他在过程中使用了多少精妙绝伦的辅助设备。**最后**，观察者在使用仪器做实验时，必须亲自读取角度和距离的数值，无论他选择直接读取，还是在显微镜下读取，还是在记录着谱线的胶片底板上读取。有许许多多有用的设备能够帮助这项工作。例如，你可以使用光度测量法测量胶片底板的透明度，这可以突出谱线位置，使它们更容易辨认。但是，你必须读取这些数值！最终，观察者的感知必须参与进来。如果没有人的审读，再仔细地记录都毫无用处。①

于是，我们又回到了本章开头提到的奇怪情况。对现象的直接感知并不能告诉我们任何关于其客观物理规律（或者我们平常使用的称谓）。我们必须从一开始就抛弃感知，并不能把它们作为信息来源。但是，我们所得到的理论模型终究完全依赖于错综复杂的信息，而这些信息却全都由感知直接获得。理论模型依赖于感知，由感知拼接而来，但你却不能说知识中真的包含了感知。在使用理论模型时，我们总是忘记感知。只有在非常笼统的描述下，我们知道我们对于光波的认识来自实验，而不是什么偶然的突发奇想。

---

① 当然，计算机技术使得现代许多科学实验都无须科学家亲自读取数值了。实验的数据采集可以完全自动化。甚至有一些科学研究完全就是在计算机上进行的模拟。然而，对实验数据的分析和解读，最终还是要与科学家的心灵相关联。——译者注

我惊讶地发现，早在公元前5世纪，伟大的德谟克利特就清晰地理解了这些事情，虽然德谟克利特完全不知道我刚才向你们介绍的那些物理测量工具（它们也只是现代科学中最基本的工具）。

据盖伦[①]的残卷（Diels, fr. 125）记载，德谟克利特提到过智慧（διάνοια）和感觉（αἰσθήσεις）有一场关于什么是“真”的辩论。智慧说：“表面上看，世间万物有颜色、有甘苦，但实际上只有原子和虚空。”而感觉则反驳道：“可怜的智慧，你从我们这里借取你的证据，却还希望以此来打败我们吗？你的胜利就是你的失败。”

本章中，我介绍了最谦虚的科学即物理学中的简单例子。通过这些例子，我试图展示两个普遍事实之间的对比：（a）所有的科学认识都基于感知；（b）然而，如此形成的关于自然现象的科学观点，并不包含任何感觉的成分，因此不能解释感觉。最后，让我来做一个总结。

科学理论可以帮助我们研究观察结果和实验现象。每个科学家都清楚，如果没有某种理论模型（哪怕是雏形也好），要记住一系列事实是多么困难。这也就难怪，在形成了逻辑融洽的理论之后，原始论文或者教科书的作者就不再描述，也不愿意再告诉

---

① 盖伦（Galenus，Γαληνός），罗马帝国时代的希腊医生、哲学家。——译者注

读者他们发现的原始现象，而会把它们用理论的术语包装起来。这无可厚非。虽然这个过程有助于我们用有规律的方式记忆现象，但这也容易抹杀实际观测和从中得来的理论之间的区别。既然前者总是拥有某种感知的成分，我们很容易就认为理论也能够解释感知。但很显然，理论永远没有这种能力。